科学新知系列

可怕的科学
HORRIBLE SCIENCE

THE GOBSMACKING GALAXY

太空旅行记

〔英〕卡佳坦·波斯基特 原著 〔英〕丹尼奥·波斯盖特 绘 季剑平 译

北京出版集团
北京少年儿童出版社

著作权合同登记号

图字:01-2009-4308

Text copyright © Kjartan Poskitt，1997

Illustrations copyright © Daniel Postgate，1997

Cover illustration © Dave Smith，2009

Cover illustration reproduced by permission of Scholastic Ltd.

**图书在版编目(CIP)数据**

太空旅行记 /（英）波斯基特（Poskitt，K.）原著；（英）波斯盖特（Postgate，D.）绘；李剑平译 . —2 版 . 北京：北京少年儿童出版社，2010.1（2024.7重印）

（可怕的科学·科学新知系列）

ISBN 978-7-5301-2389-8

Ⅰ.①太⋯ Ⅱ.①波⋯ ②波⋯ ③李⋯ Ⅲ.①天文学—少年读物 Ⅳ.P1-49

中国版本图书馆 CIP 数据核字（2009）第 195966 号

可怕的科学·科学新知系列

太空旅行记

TAIKONG LÜXING JI

［英］卡佳坦·波斯基特 原著

［英］丹尼奥·波斯盖特 绘

李剑平 译

\*

北 京 出 版 集 团

北 京 少 年 儿 童 出 版 社 出版

（北京北三环中路6号）

邮政编码:100120

网 址：www . bph . com . cn

北 京 少 年 儿 童 出 版 社 发行

新 华 书 店 经 销

三河市天润建兴印务有限公司印刷

\*

787 毫米×1092 毫米 16 开本 9.5 印张 50 千字

2010 年 1 月第 2 版 2024 年 7 月第 43 次印刷

ISBN 978－7－5301－2389－8/N・177

定价：22.00 元

如有印装质量问题，由本社负责调换

质量监督电话：010－58572171

# 目 录

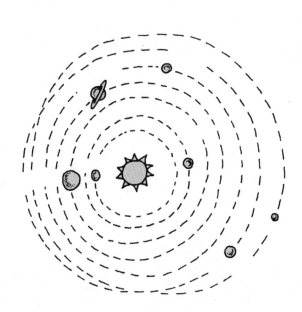

# 警　告

读这本书之前，你必须做好充分的思想准备。

为什么呢？

因为过一会儿，你就会发现，这本书的内容令你目瞪口呆。当然，如果这仅仅是些编出来的故事，那倒不算什么。可不同寻常的是，这本书中写的每一件事都是千真万确的！这是多么的不可思议！

当你抬起头仰望静静夜空的时候，你的脑子里也许会思考一些问题。满天的星星是那么不可企及，那星星后面的黑暗区域又是怎么回事？星星到底是什么？谁把它们放到那里的？它们距离我们有多远？而最使我们浮想联翩的问题就是，它们那里有生命存在吗？

即使是聪明绝顶的人，也只能猜测一下这些问题的答案。但是，我们这本书却能把你带到那些地方，让你自己去寻找答案。

尽管如此，你还是要做好准备，屏住呼吸，咬紧牙关，因为你在旅途中碰到的不仅仅是在远处闪烁的小星星……其实，这本书就是一部太空旅行指南。那好吧，咱们现在就出发！

1

# 星系究竟是什么

星系是众多不同天体的总称，它们一起在太空中飞行。星系有不同的形状，有些星系是团状的，有些星系（比如我们所在的星系）则是一个规则的螺旋形。

## 教你在吃饭时制作我们所在的星系的模型

▶ 你需要一碗牛尾汤和一些奶油。

▶ 用勺子搅动牛尾汤，使汤在碗里转动。

▶ 一边转动，一边向汤里挤出一条长长的奶油。

▶ 这样，你就做成了一个星系模型，它的形状与我们所在的星系非常相像。

只有两个重要的不同点，一个是实际上我们的星系要大得多，另一个是我们的星系没有牛尾汤的味道。

本书将在下面介绍星系的整体情况，各星系之间怎样互相关联，以及为什么宇宙以光速不断扩大，然后又瓦解为只有原子那么大的物质，以致时间本身发生扭曲……

……可是，我认为我们还没有完全做好准备，不是吗？

那好，让我们首先弄明白，那些不同的天体都是什么，我们的星系是由什么组成的。

▶ 顺便提一下，我们会遇到很大的数字，尤其是许多"10亿"。在这本书中，10亿与1 000 000 000是相同的意思。

▶ 我们还将说到不同的温度，所有的温度都以 "摄氏度"或者"℃"表示，举几个例子：

0℃是水结冰的温度。

100℃是水沸腾的温度。

25℃的天气温暖宜人。

250℃是纸的燃点。

－273℃是绝对零度——最冷的温度！

## 星系的构成

显然，我们这里要讨论的，不是星系里所有的东西，像蚂蚁、袜子、烤肉店等，不过，我们会列出一个大致的清单，介绍那些在太空飞行的物体，让我们先从最大的天体开始。

## 恒 星

我们的星系由数千亿颗恒

3

星组成。恒星是宇宙中最大的独立星体，它们的大小、温度和年龄各不相同。但是，正如我们所了解的那样，每个恒星都在猛烈地燃烧着，同时发出光和热。

## 太 阳 系

太阳系包括一颗专有恒星，我们称之为"太阳"，还包括行星和其他围绕行星飞行的天体。太阳其实只是一个很小的恒星，不过别因为它小而失望，如果它再稍微大一点的话，我们早就不存在了！让我们看看太阳系中的其他天体。

## 行 星

围绕恒星运转的自身不发光的天体，我们称为行星。一般来说行星必须质量足够大，并且在公转轨道范围内不能有比它更大的天体。（一些围绕其他恒星运行的行星刚刚被我们发现，所以通常所指的行星都是太阳系中的。）在太阳系中，太阳的体积比所有行星的总和还要大得多，而且所有的行星都是不发光的，我们之所以能看见它们，是因为太阳把它们照亮了。

4

## 卫星

卫星指的是各种各样不同的天体，它们的共同特征是紧紧环绕较大的天体——行星——运转，否则这种小天体就会迷失方向。（如果你成为了一个大歌星，就会发现你身边围绕着许多"卫星"，他们

把自己称作公关经理、代理人或者形象顾问什么的。）地球有一个天然卫星——月球，它围绕地球旋转，不管地球走到哪里，它都时时刻刻伴随地球运行。除此之外，地球还有成千上万的非天然卫星，它们都是人工制造的，例如太空站、人造卫星和太空飞船。有些行星没有卫星，而另外一些却有太多的卫星，这不大公平，等一会儿你就感觉到了。

## 彗星

彗星有着独特的个性。在太阳系里，当其他天体都在自己的轨道上按部就班地运行的时候，彗星喜欢从太阳系的一端跑到另一端，然后再返回。彗星这么做实在是聪明，因为一般的彗星只不过是直径8千米大小的冰块而已。当它靠近太

阳时，太阳的热量使得彗星的冰核蒸发，稀薄的物质构成彗尾。由

于太阳风的压力，彗尾总是指向背离太阳的方向。由于外形像扫把，又俗称"扫把星"。

## 小行星

小行星是在宇宙中围绕恒星运动，但体积和质量比行星小得多的天体。在太阳系中，大多数小行星都处在火星和木星之间的"小行星带"上，其中最大的直径为1000千米。但是，现在还没有人知道最小的小行星有多小，因为它实在太小了。宇宙的神奇之处就在于还有许多不为人知的东西，因此，你可以随意杜撰而没有人敢说你是错的。你甚至可以说，最小的行星是由果酱形成的，而且它会讲法语，谁也不能证明你在说谎。

## 陨星

真气人！这些陨星是偏离轨道的小行星或者彗星，它们冲向地球。当它们穿过大气层时，因温度变得很高而燃烧。所以，当它们撞击地面时，就变得小了。这样人们就多少感到一些宽慰。举几个例子，你就会知道陨星的威力是多么巨大：几百万年前，一颗陨星在加拿大境内坠落，竟然砸出了

一个直径4千米的大坑！目前地球上发现的最大陨星重达55吨，它坠落在非洲的纳米比亚，而纳米比亚没有因此从地球上消失真是一个奇迹！有人认为，6500万年前，一颗巨型陨星击中地球，造成世界一片混乱，恐龙从此灭绝。对恐龙灭绝的另外一种猜测是，也许所有的恐龙都爬上一个巨大的山丘，而陨星恰巧坠落在这个山丘上。

## 流 星

在太阳系内，除了太阳、行星、卫星、小行星、彗星外，在星际空间还存在大量的尘埃微粒和微小的固体块。它们也围绕太阳运转。当它们进入地球大气层时，会与大气层发生剧烈的摩擦而燃烧发光。这种现象叫流星。8月上旬，找一个晴朗的夜晚，静静地仰望夜空，你大概会看到好几颗流星从天际划过。尽管流星体积很小，但如果它们和火箭相撞，也会造成极大的破坏，这是因为在宇宙空间，所有天体的运动速度都快得惊人。（甚至你也是如此——当你阅读这本书的时候，你正以100 000多千米每小时的速度围绕太阳飞行呢！所以一定要坐稳噢！）

好了，以上就是和我们共同存在于同一星系的主要星体的清单。

接下来，我们将开始一次跨越星系的旅行，这就是说，我们马上要——

## 穿越时空

哦！听起来有点激动人心，是不是？

其实，我们早就知道，宇宙是浩瀚无际的，到达星系的尽头要花掉我们上百万年的时间，所以，要想跨越星系，我们只能让时间慢下来。这怎么可能呢？好，等一会儿，你做好了充分准备之后，我们再来继续这个话题。

我们还是从最简单的开始吧！它们可能比下面这些事情还要简单：

1. 等待一个晴朗、漆黑而美丽的夜晚；

2. 关上房间的灯，打开窗帘（如果能到户外去就更好了）；

3. 抬头仰望夜空；

4. 然后回来看这本书的下一页。（回到屋里看书的时候，你要把灯打开，然后再继续阅读。）

# 你看到了什么

如果你还没有太多的知识，你会说，你看到的天空中只有下面3种不同的东西。（当然，像云彩、飞机、飘荡的气球、出逃的鹦鹉等等这些地球上的东西，就不必计算在内了。）

1. 太阳；

2. 月亮；

3. 星星。

## 太阳

显而易见，太阳是我们在天空中所能看到的最亮天体，因为它是离我们最近的一颗恒星。太阳看上去就像一个巨大无比的、燃烧着的火球，它给我们送来光和热。关于这一点，你马上就会在这本书里发现更多的细节，除非你阅读的速度太慢。（太阳注定还要这样燃烧45亿年。）太阳是我们所在的太阳系的中心，我们的地球沿着一个巨大的轨道每年绕着它转一周。

你知道为什么我们在白天看不见月亮和其他星星吗？

1. 它们为了节约能源而关闭自己不再发光；

2. 蓝天遮住了它们；

3. 太阳太明亮了，阳光使我们眼花缭乱，因而无法看到月亮和其他星星，尽管它们一直都挂在天空；

4. 它们始终在天空运行，但是躲在了地球的后面，那是我们根本看不到的地方。

▶ 答案是2和3两方面的原因。穿过大气层的强烈阳光使天空呈现出蓝色，影响了我们的视觉。当太阳下山，天空暗下来以后，明亮的星体才开始显现出来，等到太阳完全消失，你就可以看到所有的一切了。

# 月亮

关于月亮

月亮就像一个悬挂在天空中的大马铃薯，经常有来自外层空间的不速之客光顾。他们饿了就把月亮当做晚餐吃掉一点，所以月亮时圆时缺。

——本书作者

月球是我们所见的天空中第二亮的天体，但它的亮度远不能和太阳相比。这是因为月球只不过是一块巨大的圆石头，我们所见的月亮光，是月球反射的太阳光。月球每28天绕地球运行一周，它的轨道并不是一个很规则的圆形。它和我们之间的平均距离大约是384 000千米，离我们最近时约为356 000千米，最远时达到407 000千米左右。

# 3个神奇的魔术

太阳和月亮会给我们制造一些美妙的视觉错觉。

## 魔术一

看上去，太阳和月亮大小一样。但事实上：

太阳直径约1 400 000千米，

月球直径约3500千米。

——太阳比月球大了近400倍！

然而：

太阳距离我们约150 000 000千米。

月球距离我们约384 000千米。

——太阳比月球离我们远了约400倍！就是这些数字奇异的巧合，使它们看起来一样大。

▶ 其实，就像太阳和月亮看上去大小一样，你也可以使一枚硬币看起来和一幢房子一样大。你站在离那幢房子几百米远的地方，手臂向前伸出，手里捏着硬币。这时，硬币看上去就会和房子一样大！

## 魔术二

月亮的形状似乎是可以改变的。你可能已经注意到，月亮有时候是一个满圆，另外的时间它只是个半圆，有时甚至是一个月牙形。

那么，当月亮呈现为月牙形状时，月亮的其他部分哪儿去了？

满月　　　　　月牙

当然，它们哪儿也没去，像任何一个出色的魔术师一样，月亮利用光耍了一个小把戏，使自己消失了。

你可以亲自演示一下这个戏法。你需要一个手电筒和一个球状的物体，此外，这个戏法必须在一个漆黑的房间里进行。

首先，你把手电筒举到前面，用灯光照射那个圆球。这时候，你会看到球的正圆形影子，就像我们看到的一轮满月。满月其实是太阳直射月球的结果。

然后，你仍然站在原来的位置，但是把手电筒的光向下移动。这时手电筒只照亮了球的一侧，所以看起来似乎只是半个球！当我们看到半个月亮的时候，正是因为太阳光从侧面照射着月球的结果。

如果你在球的后面把手电筒移动得多一些，就会出现"月牙"的效果。

## 魔术三

最后要提到的是，太阳和月亮偶尔还会联手耍一种非常奇特的戏法，这种戏法叫做"食"。当月球和地球在太阳的照射下，把彼此的影子投射给对方时，就会产生这种结果。"食"有两种，月食和日食。

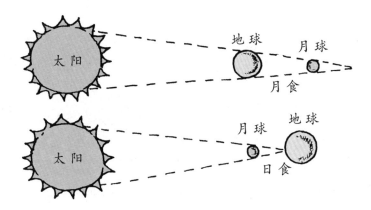

月食：当月球绕着地球运行时，有时会进入到地球的阴影区域里，这里太阳光照不到。你会看到这样的景象：一轮满月悬在空中，接着，慢慢地，月球被圆形的黑影挡住了（这黑影就是地球的影子）。

有时，月球只有一部分进入了地球阴影区，这时产生的是月偏食。有时，月球全部进入地球阴影区，这时产生的是月全食。切记，不会发生月环食，因为，月球体积比地球小得多。

古代的中国人对月食还有另一种解释：月亮被一只巨大的天狗吃掉了。

▶ 月食一般会持续2个小时。

▶ 通常，每年会出现一到两次月食。

▶ 在月全食期间，月亮呈现出一种神秘的金红色。这是因为，尽管地球挡住了太阳光使其无法直射月球，但是太阳光中的红光被地球边缘的大气所折射，其中一些红色的光线照射到月球上，所以这时的月亮看起来神奇无比！

日食：有时，月球正好运行到太阳与地球之间，这时月球被太阳照射后的影子投射到地球上。如果你正好站在月球投射在地球上的影子里，你就会看到月亮在太阳前面移动，挡住了太阳光，这就是日食。

日食有3种：日全食、日偏食、日环食。当地球距月球本影尖端非常接近时，月球的影子投射在地球的表面，该区域的人才能够观测到日全食。当太阳的一部分被月亮挡住，在地球上的观测者看到的就是日偏食。当月球距离地球最远的时候，月球的直径看上去比较小，不能遮住整个太阳，太阳只露出边缘部分，看起来像一个光环，这就是日环食。

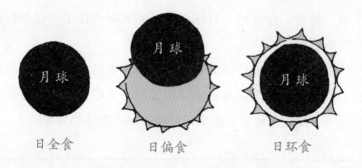

日全食　　　　　日偏食　　　　　日环食

▶ 其实，地球上只有一小部分地区的人才能看到日全食。几百千米以外的人看到的是日偏食，而几千千米以外的人根本看不到日食。

▶ 一年中，地球上大约发生2至5次日食现象。

▶ 大约每隔400年，你所在的地区就有可能看到一次日全食。但是你得仔细认真地观察，因为每次日食只持续几分钟的时间。

▶ 远古时代，人们非常惧怕日食。因为当日食发生时，不仅太阳好像突然从天空中消失，而且天气突然变得寒冷，狂风骤起，一切都笼罩在阴森恐怖的气氛之中。

▶ 对于科学家来说，日全食是难得的观测太阳的大好时机。利用这短短几分钟的时间，科学家可以研究太阳活动的方式，同时研究其他神秘的物理现象，例如光的弯曲和时间的扭曲。

▶ 当月球遮住太阳最后一缕光线时，月球边缘就会出现美丽的粉红色光。这是阳光从月球表面的山峦透射过来的结果。当日全食发生时，月球周围出现明亮的光环——这光环其实就是"日冕"。

▶ 日食是难得一见的自然奇观，有许多人花费大量时间和金钱，不惜环游整个儿世界去观赏每一次日食。如果你有机会观看日食的话，千万不要错过哟！

## 星星及其他

很久很久以前，古人就对夜空产生了极大的兴趣，也花了不少时间试图把星空描绘在图纸上。古人们对星星的排列组合进行联想，然后给它们逐一取上名字。那些被赋予优雅名称的星星组合就是"星座"，一共有88个这样的星座。

你能说出下面8个星座的名字吗？（把主要的星星用线连接起来，就形成了星座。当然，在天空中你是看不到这些连线的。如果你能看到，那你一定是个巫师。）

"猎户座"
"狮子座"
"大熊座"
"天鹅座"
"飞马座"
"金牛座"
"天鹰座"
"御夫座"

1.

2.

3.

4.

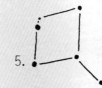
5.

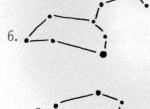
6.

7.

8.

答案

1.大熊座　2.金牛座　3.猎户座　4.飞马座

5.御夫座　6.狮子座　7.天鹅座　8.天鹰座

你发现识别星座很难，是吗？别灰心，想一想，远古的人们是怎样遥望星空，然后赋予星座形象生动的名字，这本身就非常神秘。让我们看看这个：

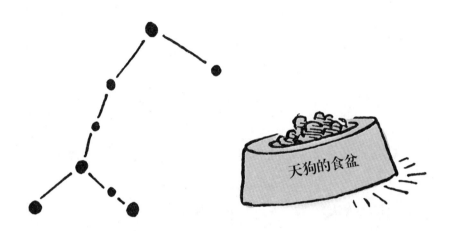

天狗的食盆

难以置信，是不是？只有一种方法来解释古代人是怎样在夜空中看到那些人和动物的：那些熬夜观察星空的人们被他们自己的想象力深深打动了。

▶ 我们现在使用的星座沿用了公元2世纪古希腊天文学家托勒密的星座系统。其中大部分星座名称是从神话传说得来的。现代人给星座起名字就不那么悦耳动听了。你觉得把"蚁蛉座"叫做"打气筒座"怎么样？

玩笑归玩笑，古人实际上在观察星相方面做得很出色。但是，不久他们就发现，许多发光的星体并不是固定在某一位置不动的。那些漫游的星体引起了人们的极大重视，它们被称为"行星"。古人曾经以为是上帝驾驭着它们在天空漫游，因而对它们非常崇拜，但现代人的知识要比古代人丰富多了。

17

## 太阳系里的行星

除了可以运动，太阳系里的行星与其他星星还有什么区别呢？

▶ 太阳系里的行星离我们非常近，而且是环绕着太阳运转的，就如同我们的地球绕太阳运行一样。

▶ 太阳系里行星比恒星小得多。

▶ 太阳系里行星本身不发光，只是反射太阳光。

除了地球之外，古人可以识别出5颗行星，它们是水星、金星、火星、木星和土星。算上太阳和月球，天空中一共有7个星体，所以古人认为"7"是一个有魔力的数字。

几千年来，人们只认识这几颗行星。直到1781年，威廉·赫歇尔爵士偶然发现了天王星，"7"这个数字从此变得不再神秘！

1846年，海王星被发现；1930年，冥王星被发现。（从被发现起，冥王星一直被认为是太阳系中的行星，但2006年8月24日第26届国际天文联会通过第五号决议，将冥王星划为矮行星，但由于本书的撰写时间在此之前，所以本书沿用了原来的说法，仍将冥王星列为太阳系行星之列。）

## 什么是占星术

在88个星座中，有12个被称为黄道十二宫，或者叫 "命星"。你知道你属于哪一个星座吗？这取决于你的生日：

| 白羊座 | 3月21日——4月20日 |
| --- | --- |
| 金牛座 | 4月21日——5月21日 |
| 双子座 | 5月22日——6月21日 |
| 巨蟹座 | 6月22日——7月23日 |
| 狮子座 | 7月24日——8月23日 |
| 处女座 | 8月24日——9月23日 |
| 天秤座 | 9月24日——10月23日 |
| 天蝎座 | 10月24日——11月22日 |
| 人马座 | 11月23日——12月21日 |
| 摩羯座 | 12月22日——1月20日 |
| 宝瓶座 | 1月21日——2月19日 |
| 双鱼座 | 2月20日——3月20日 |

怎样才能知道我们的星相呢？

如果太阳不是很明亮，我们在白天可以像在夜间一样，能够看到天上的星星。黄道星相指的是太阳经过的星座。一年中，太阳依次经过12个星座，你可以在上面列表中看到，经过每个星座大约需要1个月时间。例如，5月15日太阳在金牛座前，而到了6月3日太阳已运行到了双子座。

遗憾的是，人们对十二星座的看法存在一些分歧。在黄道十二宫最初划分出来之后，把恒星划分成不同星座的方式就一直在改变。占星家仍在使用旧的体系，但是通过现代方法，他们了解到，太阳实际上并不是直接从天蝎座进入人马座，而是从天蝎座进入第13个星座"蛇夫座"。如果你的生日是11月20日左右，实际上你应该属于"蛇夫座"。

"占星家"与"天文学家"不同，天文学家的研究对象是天空，目的是找到不为我们熟知的真正存在的东西。占星家也仔细研究天空（许多占星家对此都非常在行），但是，他们的目的是让你相信，你的性格和命运取决于你出生时候的"星相"。遇到有行星经过你的星座，他们就会非常兴奋，然后在报纸上发表一些愚蠢的预言，比如："摩羯座：真理之日，在感情上不要屈服"，或者"狮子座：今日时机已经成熟，是改变的时候了"，等等。

## 你的命运之星真的会改变你的命运吗？

不，当然不能。数十亿千米以外几颗燃烧的星体，不可能改变任何人的任何事情。但是，一只从头顶上飞过的鸽子，就很可能影响到你呢。

如果一天之内有两三份报纸都登载关于你的占星术，那就真有热闹可看了。有时这些报纸上文章的说法互相矛盾，这就已经说明，他们都是在胡言乱语！

## 占星学是浪费时间吗？

不是的！它给我们带来许多有益无害的乐趣，并且给我们提供了无穷的消遣话题。好极了！

▶ 如果你想在天空看到自己的星座，最好不要在生日当天的

21

白天看，因为那时候太阳光芒四射，会影响你的视觉。观察星座的最佳时间是生日过后6个月，这时，你的命星已经来到天空的另一侧，远离太阳，这样才容易在夜晚看到。最容易看到的星座是双子座、金牛座、处女座和狮子座。如果你仔仔细细地观察，其他星座也不难找到。

# 如何开始观察天空

要想了解天空都有什么，其实有这本书就足够了。不过，如果你花上几块钱，买一张星座图，那对你会有极大的帮助。好一点的书店会出售星座图，或者《星座指南》之类的手册，上面会告诉你所有星座的位置、名称，还可能告诉你在哪里能观看到行星。为了使你的天文观测有一个良好的开端，本书最后两页附有星座图，标出了主要星座的位置，你可以作为参考。

如果那个书店确实不错，你还可以买到一张星座一览表。它是一个圆形的地图，上面带一个转盘，转动转盘，它就会告诉你能看到哪些星星，而且一年中任何一个夜晚的任何时间都可以显示。

23

你能看到哪些星座，要看你在地球上的位置以及你观察星座的时间。

## 星星的亮度

我们所看到的星星，其亮度称做"星等"。有趣的是，星星越亮，其星等数值就越小。咦，是不是什么地方搞错了？

这里有几个典型的星等：

10　光度极其微弱的星星，需要用高倍望远镜才能观测到。

6　用肉眼能看到的最微弱的星星。

0　非常明亮的星星。

－1.6　　这是天狼星的星等。

－4.4　　这是金星的最大星等。

－12.5　　这是满月的星等。

－26.7　　这是太阳的星等。

▶　从地球上看，天狼星似乎是夜空最明亮的星星，因为天狼星距离我们很近——只有8.5光年。其他星星远比天狼星发光能力强（比如猎户座中的参宿七），但是，因为它们离我们非常遥远，所以看上去不那么明亮。

# 怎样寻找行星

由于行星是在天空中运行着的，所以要把它们标在星图上几乎是不可能的。

不过事情也有例外。每年总有人印刷各种各样的"历书"和图表，其中最好的一本小册子叫《星空时代》。这本书中有一幅星图，特地标出了当年每个月行星出现的位置，还告诉我们月亮将运行到什么位置，以及是否会出现好看的月食，等等。

如果你自己能够独立找到行星的准确位置，那可真是开心哪！一旦你熟悉了不同的星座，就可以仔细看一看哪个星座中突然多出了一颗星。（一定要弄清楚它不是飞机，也不是飞碟或其他什么物体。）这颗星不是恒星，肯定是一颗行星！

因为行星有自己的运行轨道，所以，有时候几个星期一颗行星也看不到，可有时候，你可以同时看到好几颗行星。

# 内行星

　　水星和金星被称为内行星，这是不是意味着它们地位低下，连金鱼都可以对它们发号施令？不是的，这个称呼仅仅是指它们比地球距太阳更近。由于靠近太阳，它们整个儿白天都挂在天空中。但是，白天太阳光非常强烈，致使它们几乎不可能被人们看到。当然，当它们处在一定的位置上，我们有时的确能够在日出前或日落后的一小段时间内看到它们。

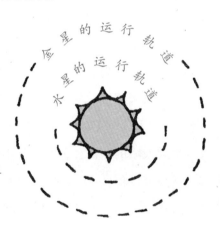

从地球上看，水星和金星总是出现在太阳附近，也就是说，我们不可能在夜间看到它们。

　　如果水星和金星在运行中达到与太阳处在一条直线的位置上，那么我们根本不可能看到它们。（与太阳处在一条直线上称为"合"。）

27

　　在这幅图中，水星位于太阳和地球之间，也许你会认为我们应该能看到它。实际上，就像你在汽车远光灯下去找一粒沙子一样，这时你是不可能找到水星的。

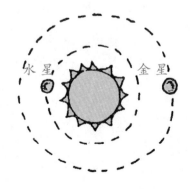

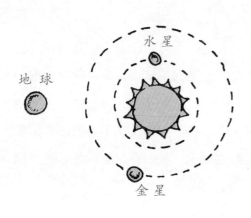

当水星和金星处在太阳的同侧或者两侧，我们就可以在早晨太阳升起之前或者傍晚太阳刚刚落山之后看到它们。

即使在观察的最好季节，我们也只能在日出前或日落后两小时内看到水星。不幸的是，它很难被发现，因为它非常小，而且经常接近地平线。（观察天空中位置很低的东西很困难，因为地表附近空气流动不定，往往使小东西变得模糊不清。）

金星到太阳的距离比水星远，因此我们可以在日出前或日落后3个小时内看到它。在大多数月份里，无论是在早晨日出前的东方或者傍晚日落后的西方，它都很容易被找到。它几乎是天空中除了太阳和月亮以外最亮的星体了。

古代人把金星看成是两颗不同的星星，当它出现在太阳升起之时，人们把它叫做"启明星"或"晨星"；当它出现在日落之时，人们把它叫做"长庚星"或"昏星"。

如果你用望远镜去观察金星，你便会发现它也有不同的相，就像月亮，有时你看到的只是个牙儿，而其他时间你看到的却是整个儿行星。

## 外行星

除内行星以外，太阳系内其他所有的行星离太阳的距离都比我们地球离太阳的距离远，所以我们称它们为"外行星"。内行星白天总是在天上，而外行星则有时白天在天上，有时夜晚在天上，这就是外行星与内行星的不同之处。当然，如果行星白天出现在天上，我们是看不见的。如果它们夜晚出现在天上，我们就有机会目睹它们的风采了。

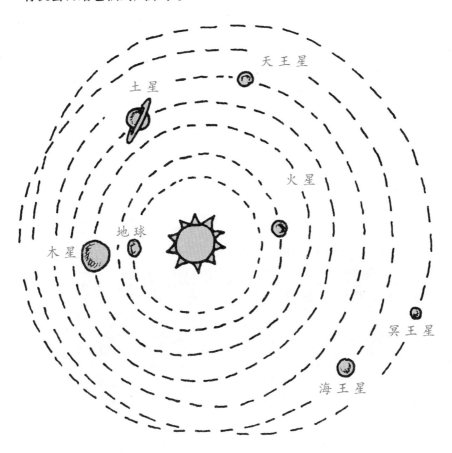

这只是一张示意图，上面标出了地球和外行星如何围绕太阳运转——由于位置不够，所以没有把水星和金星挤进去。实际上，大部分圆圈要比这大得多，除非这本书有公共汽车那么大，否则的话，我们不可能把所有的星星都标在这一页纸上！

不要忘记，地球是一个旋转着的球体，因此有时候我们会处在面对太阳的一侧（白天）；12个小时以后，我们将处在背对太阳的一侧（晚上）。

这张示意图标出了火星处于"合"的位置（与太阳在一条直线上）。如果我们处在合适位置上观察火星，同样可以看到太阳——也就是说，在白天，即使火星确实在天空中，我们也看不到它。

在这张示意图中，木星的位置更令人激动，因为对地球来说，它处在地球正对太阳的对面（这个位置被称为"冲"）。如果我们在地球上找到观察木星的适宜位置，我们就不可能看到太阳——也就是说，木星正位于漆黑的夜空里，夜晚是观察木星的大好时机。

如果你想展示一下你的聪明才智，这本书会帮助你实现愿望，把下面这段话告诉别人：

> 水星和金星永远不会出现在地球轨道之外，这正是它们成为内行星的原因。

噢？

外行星总是在它们的轨道上以不同的速度，从"冲"到"合"运行着，因此，观察它们的最佳时间也不尽相同。

火星 大约需要14个月的时间才能通过"合"位置，这时候它很难甚至不可能被我们看到。接着它需要12个月通过"冲"，这时候它很容易被我们看到。有时它所处的"冲"位置较其他行星离我们更近，其星等可以达到 – 2.8，这就使它成为除了金星以外，天空中最亮的星星。如果你仔细观察火星，你会发现它的颜色为橙色，这使你下次看到它时更容易辨认。如果你在某一固定位置，每晚都去观察它，你会发现它的位置经常变动。

**木 星**　大约每13个月进入一次"冲"，而且它总是非常明亮，最大星等能达到 – 2.6。

通过比较好的双筒望远镜观察，木星看上去要比一个发光点大许多。如果观察得仔细，你还可能会发现它的4个卫星，当然这是当卫星处在适当位置的时候。（木星的卫星运行很快，如果你看不全它们的话，几天后再去试一下，或许那时你的运气会很好。）

用更好一些的望远镜，你甚至可以看到这颗行星上的一些标记，包括著名的"大红斑"。

**土 星**　每54个星期进入一次"冲"，它能够达到0.3星等，这使它比大多数星星都要亮一些。如果你能用高倍望远镜去观察它，你会发现土星上最令人惊奇的东西——它的与众不同的美丽光环。

**天王星、海王星和冥王星**　外围的这3颗行星大约每一年出现一次，你应该可以看到它们。从理论上讲，你用肉眼就能看到天王星，但在5.8的星等下，它差不多是你的眼睛能够辨认的最不清晰的东西。海王星距我们太远了，除非你有一架高倍的专业望远镜，否则别想看到它。至于冥王星嘛……找它可能就像在地下煤窑里找苍蝇的脚印吧！（注意，在这本书的后边，我们将带你去冥王星，那时，你就知道我们并没有错过什么内容。）

## 我们需要许多昂贵的设备吗?

真的不一定,除了这本书和你自己的眼睛不算,你所需要的全部东西就是一双厚袜子和一件保暖大衣。(为了能够更好地观察,你需要在晴朗的夜晚走出家门,那是非常寒冷的!)

你肯定我不需要穿别的了吗?

当然,你还需要穿上内裤、长裤、衬衫、鞋子等。

如果能弄到一张精确的星座一览表或者星座图,那就更好了。

▶ 为了达到最佳观察效果,你应该避开灯光,特别是远离路灯。如果你恰好不住在城镇而是在乡村,你会发现夜空更深邃更清晰。抬起头来仰望星空,过两三分钟,你的眼睛适应了以后,你就会看到越来越多的东西清晰地出现在夜空,多到令你吃惊。如果不是看不清楚,尽量不要用手电筒照。

如果你想进一步探索天空的奥秘,最好的办法就是去借一架双筒望远镜。即使用很小的望远镜,与只用肉眼观察的效果相比，也要好得多。尤其不同的是，你能看到有些星星有几种不同的颜色！

通过望远镜观察天空以后，也许你会迷上这门学科。如果的确如此，你大概就想拥有一些属于自己的东西了。

## 望远镜

不要买便宜的望远镜！那种廉价的东西只有30厘米长，支架摇摇晃晃的，买它纯粹是浪费钱。如果买一架双筒望远镜，那你可就神气多了。对大多数人来说，专业的天文望远镜太贵了，你可以采取其他办法，争取机会通过天文望远镜观察天空。也许在你家附近有天文协会（你的学校就可能有），这样，天文协会的人就可能安排你去参观天文台。他们甚至可能还有一架旧望远镜，你可以借来用用或者干脆买下来……还是去咨询一下吧！

33

# 警 告

你可以用双筒望远镜或单筒望远镜观察夜空中所有的东西。但是，千万不要用它们看太阳，即使在阴天或者日食期间也不可以，那样你的眼睛会被烧坏的！

这是你在本书中读到的最重要的一个问题！

## 书 籍

天文学方面有很多好书，有些书非常专业，涉及专业摄影或者科学奇观，你可以翻一翻，找一两本感兴趣的书来读。

## 照相机

如果你有照相机，那就更好了，因为拍摄星星的试验有趣极了。把照相机装在三脚架上，当然也可以把它放在比较平稳的物体上，然后按下快门，快门速度设定为1小时左右。等你把胶片冲洗出来，就会看到，星星从天空划过，留下一道长长的光斑。（如果你什么也没有拍到，可能要换用感光性更强的胶片，你应该到照相馆去咨询一下。）

　　如果你想拍摄真正精美的天体图片（许多美好的东西只能通过拍照才能看到），那么你的生活将有所改变——变得严肃、繁忙而且开销巨大！你需要一架高档的照相机，一台结构复杂的电动驱动装置，然后把它们安装在昂贵的望远镜上。此外，你还要阅读天文学专著——那些严谨、冗长而且价格昂贵的专著。当然，我们这本书不包括在内。

# 观察美丽星空

熟悉了以上这些主要星座以后，你随时可以在天空中找到它们：金星、火星、木星和土星……

等一等！除了它们，天空中还有许多别的东西可看呢！

## 银河系

在晴朗的夜晚，抬头仰望天空，你会发现，有一条又细又长的薄雾带穿过天空。你能够看出来那不是云，因为许多星星在那里闪闪发光。这"雾"实际上是我们星系中的一部分，它叫做"银河"。当然它不是真的雾，而是数以十亿计的星星排列在一起，一直延伸到宇宙深处。

## 仙女座星系

我们的星系只不过是构成宇宙无数星系中的一个。离我们最近的邻居是仙女座星系，它是我们用肉眼能看到的最远的星系，距离我们有约2000亿亿千米远，这个数字可能有一两厘米的误差。

如果——夜晚晴空万里……

如果——你的视力非常好……

如果——你远离灯火，在距城镇数千米以外的乡村……

如果——天空没有月亮……

如果——你观测的方位正确……

——你就很可能在天空中看到一片微弱的光斑，那就是仙女座星系！

▶ 你可以先找到仙女座（就在大"W"形的仙后座下面），仙女座星系就在那里。

## 红色巨人和蓝色超级巨人

"红色巨人"是一颗很久以前被发现的巨星的名字，本书后面会告诉你这个名字的由来。其中最大的一颗是猎户座的参宿四，用肉眼你就能看到它的颜色不是白色，而是橘红色。观察猎户座时，你还会注意到参宿七。它是天空中最大、最有能量的星体之一，被称做"蓝色超级巨人"。（它比太阳还要亮57 000倍呢！）

其他的红色巨人还有金牛座的毕宿五和牧夫座的大角星。

## 星云

　　许多天文学著作的封面上都有绚丽的图片，看起来像火焰在空中燃烧，那就是星云。

　　星云是由星际空间的气体、尘埃组成的巨大云状天体。尘埃逐渐聚拢形成星云，最壮观的星云是猎户座的大星云。快看一看——你看到什么了？

对，就是它。不尽如人意的是，星云有点像时装模特，要有讲究的灯光才能看清楚（大部分星云是靠附近的恒星照亮的），拍照的时候还要摆好姿势。

如果拍摄的方法不正确，它们通常显得臃肿，而且身上还有斑点（这里指的是模特，而不是星云）。有一种特别美丽的星云被称为马头星云，因为在照片中它看起来很像一匹马的头部。

# 昴星团

虽然这一小群星星的个数远远超过了7颗，但是它们还是被俗称为"七姐妹"。（一个检测你视力的好方法，就是看你能够看到昴星团的多少颗星。大多数人能找出其中的4到5颗，但据记载它们应该是13颗！）这些星星很年轻，表面温度高，因为周围有星云环绕，它们显得格外明亮。你用双筒望远镜可以观察到它们的颜色：蓝白相间，它们被许多人认为是浩瀚的太空中最美丽的景观。昴星团是靠近金牛座的主星，12月份左右是观察它效果最好的时候。

# 北极星

北极星，又称"极星"或"北辰星"，它并不是一颗较大的星星，但是对很多人来说它显得极其重要，因为它一直都位于北极的正上方。

过去，在夜间，北半球的水手们就是靠观察北极星指引航行的。现在，很多人仍然用这种方法来校正他们行进的方向。北极星是小熊星座尾部的最后一颗星。大熊星座上的两颗星也总是指向它。

尽管天空中的其他星星在不停地运动，但是，在一年中的任何一

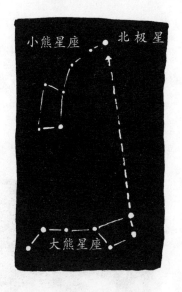

个夜晚，在夜晚的任何时刻，北半球的人们都能在相同的位置找到北极星。

40

## 黑云

这像煤炭一样漆黑的一片叫做"黑云"，它出现在南极附近，因此只有在南半球才能看到。其实它只是一片很普通的星云，只是因为附近没有星星为它照亮，所以它看上去就像一块黑云。

## 彗星

彗星穿过太阳系飞行的轨道一般是一个极扁的椭圆形，只有当它来到离太阳很近的地方时，我们才能看到它。彗星并不经常出现，所以一旦它出现，就显得有点特别。当彗星接近太阳的时候，它开始发光，并且拖着一条长达上百万千米的燃烧着的"彗尾"。有趣的是彗尾总是朝着背离太阳的方向，所以当彗星经过太阳再飞回到星际空间的时候，彗尾是在前面的。有些时候彗星看上去很奇特，所以古代人一看到这种奇怪的、毛茸茸的星星划过天空，就感到非常害怕。

对彗星本身来说，它们也面临着一定的危险。它们有时会撞上其他天体，然后爆炸，有时可能会脱离自己的轨道，朝深空飞去，一去不回。

最为著名的彗星是哈雷彗星。它是1682年以彗星研究专家埃德蒙·哈雷的名字命名的。哈雷很仔细地记录下了这颗彗星的轨迹，同时注意到，它和1607年看到的一颗彗星极为相似，并且在此之前的1531年也出现过这样一颗彗星。哈雷意识到它

41

们是同一颗彗星，每76年都要重新经过太阳系中的地球附近。哈雷预言它会在1758年或1759年返回。事实证明他是对的，1758年的圣诞夜，人们看到了这颗彗星，但是遗憾的是，哈雷没有看到。你知道这是为什么吗？

▶ 他当时正忙着看圣诞礼物。

▶ 他火鸡吃得太多，睡着了。

▶ 他忘记看了。

▶ 他于1742年去世了。

当人们认识到哈雷关于哈雷彗星的理论正确无误时，他们查看了大量文献资料和图片，找到了2000多年以来哈雷彗星经过地球的记录。

哈雷彗星最后一次经过太阳系是1986年，但遗憾的是，它离我们比较远。人类发射了几个探测器进行观测，探测器飞过哈雷彗星的彗尾。2061年，哈雷彗星将再次拜访太阳系，但据推测情况也不尽如人意。根据测算，在2137年出现的哈雷彗星是很值得一看的。所以，现在把这个日期记到日记里，提醒自己到时去看一看。（我想恐怕你是看不到了，只有你的后代才能够看到。）

人们担心彗星会撞上地球，其实这是完全不可能的。可是，在1994年，木星曾经被一颗时速200 000千米的彗星撞击，撞击所产生的爆炸物比地球还要大得多。

# 流 星

它们是一些很小的尘埃微粒，进入地球的大气层时燃烧起来，就像——等一下——就像闪动的星星。它们只能持续几秒钟的时间，但是看上去却美丽极了。任何一个晴朗、漆黑的夜晚，你只要躺在一块毯子上，仰望天空，就可能会幸运地看到一两颗流星。

一年之中还有另外一些特别美好的夜晚，从某些星座附近会有流星雨定期坠落。下面是些最好的例子：

## 英仙座流星雨

这种流星雨在8月的前两个星期里持续坠落，8月12日夜晚应该是观看它的最佳时刻。在一个晴朗的夜晚，找到英仙座，观察一下，你每分钟就能看到一颗流星。

## 象限仪座流星雨

一年的头几个晚上，特别是在1月3日，可能会有一场大的流星雨。这时候你往大熊座和牧夫座之间看，可能每分钟看到两颗流星。

## 双子座流星雨

双子座流星雨出现在12月的第二个星期，在12月14日达到高峰。这时候你朝双子座看去，每分钟可以看到一颗流星。

# 创造自己的太阳系

要想了解星系有多大，你首先需要弄明白我们的太阳系有多大。解决这个问题的最好方法就是制作一个太阳系的模型。

下面是你要准备的东西：

▶ 2粒小滚珠

▶ 2粒豌豆

▶ 1个台球

▶ 1个网球

▶ 2个高尔夫球或者乒乓球

▶ 2枚大头针

▶ 一些沙子

▶ 1台洗衣机

如果你的悟性还可以，你就应该知道这个模型与实际太阳系的比例是1：2 500 000。

还有一个很困难的条件——你需要一间2.5千米长的房间。

你现在要做的是：

1. 把洗衣机刷成黄色，放在房间的一端，这就是"太阳"。

2. 在离太阳23米远的地方放一粒滚珠，这就是"水星"。

3. 再走20米远，放一粒豌豆，这就是"金星"。

4. 再走17米远，放下另一粒豌豆，这就是"地球"。如果你想表示出月球的位置，可以在离地球15厘米的地上插一枚大头针。

5. 沿着这个方向再走31米，放下另一粒滚珠，这就是火星。

6. 现在，你需要往前走220米远，但在半路上要撒些沙子，这就是小行星带。

7. 走完这220米之后，你就可以放下一个网球，这是木星。

8. 继续走260米，然后放下一个台球，它代表土星。

9. 一口气再走577米，放下一个高尔夫球，这是天王星。

10. 你还得再走651米远，才能放下另一个高尔夫球，这就是海王星。

11. 最后要走的距离是561米，在那儿扔下最后一枚大头针，这就是冥王星。

好了，现在你已经做成一个简陋的太阳系模型了，而且每一个星体的尺寸比例大致准确。在浩瀚无际的太空里，这些行星难道不都显得很渺小吗？这回你该明白科学家要用多少聪明才智，才能把火箭送出去访问它们了吧。你还应该注意到，这些行星并不是都在一条直线上运行的，它们无时无刻不在进行着圆周运动！

讲了这么多关于行星的问题，现在让我们来想一想，我们怎样才能在这个模型上表示出距离太阳最近的恒星呢？

距离我们最近的一颗恒星是半人马座的南门二。南门二其实是三颗星的合星，人们把三颗星中离太阳系最近的星称为比邻星。猜猜你必须要走多远才能找到半人马座的比邻星，同时与你的太阳系模型比例相适应？

▶ 1.2千米？

▶ 23千米？

▶ 92千米？

▶ 753千米？

▶ 1089千米？

▶ 地球的另一面？

回答这个问题的时候，我们得理智一点。因为很难找到一个足够长的房间做精确的太阳系模型，我们可以做另一种模式的模型。在这个模型里，我们将不再描述行星的准确大小，我们来准确表现行星之间的距离。

▶ 你需要10枚塑料头的图钉和一片600毫米长的木板或纸板。

▶ 在板子的一端按上第一枚图钉代表太阳，然后按照图示量出其余的距离，并在每处各按一枚图钉。

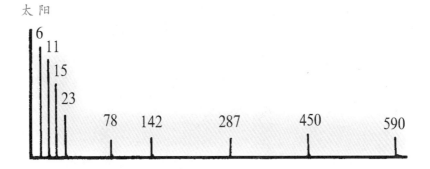

太阳

6
11
15
23
78    142    287    450    590

这个模型显示出太阳系中各行星间的距离，距离均以毫米为单位。

▶ 除地球外，距离太阳最近的水星和金星叫做内行星，其余的行星叫做外行星。

如果你想在这个模型上标出离我们最近的恒星半人马座的比邻星的位置，那就得在大约4千米以外再按一枚图钉了！

在前一个太阳系模型中，你必须走16 856千米远才能确定半人马座的比邻星的位置……这差不多相当于从英国到澳大利亚的距离呢！

## 行星的大小

这张图显示出行星的相对大小。那4颗较大的被称为巨星。

水星　　　金星　　　地球　　　火星

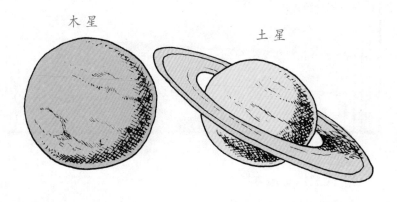

木星

土星

天王星

海王星

冥王星

# 太空旅行

太空旅行有两种形式：无人驾驶飞行和载人飞行。（当然载人飞行不仅仅只搭载男人，有时也会有女飞行员参加。）

## 无人驾驶飞行所需的准备

▶ 所有要运上太空去的东西， 比如计算机、照相机、真菌培养皿和卫星接收天线，等等。

▶ 一枚足够大的火箭用来装载所有的东西。

## 载人飞行所需的准备

▶ 供航天员居住的压力舱。

▶ 航天员工作用的大型操纵控制系统的工作舱。

49

▶ 食品供给。

▶ 空气和水的供给、废物处理设施。

▶ 热力供应和照明系统。

▶ 所有要运上太空去的东西，比如计算机、照相机、真菌培养皿和卫星接收天线，等等。

▶ 如果你想在太空某处着陆，就需要一流的着陆装置。也许还要准备自动驾驶的轻型车、一面旗帜、高尔夫球杆，还有再次起飞的方案。

▶ 为了重返地球，需要合适的返回舱、降落伞或其他必需的设备，以确保航天员安全返回。

▶ 一枚足够大的火箭来装载所有的东西。

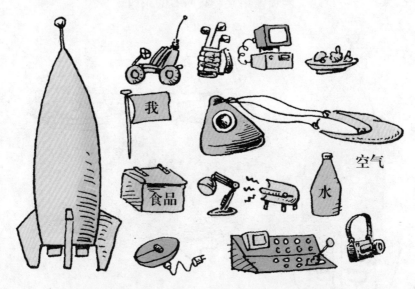

正如你已经知道的，用火箭载人还有两个大问题：

1. 必须保证他们在太空中能够存活。

2. 必须把他们送回来。

航天员在太空航行之前会坚持确认以上这两点。如果你认为他们太谨小慎微，他们会非常气愤。

## 什么是太空探测器？

如果你是个医生，你可能会将探针插入人体，以此探查病人究竟出了什么问题。（小孩子们也经常用手指挖鼻孔，不过应该制止他们这样做。）任何一次太空探测都非常相似——我们发射一枚火箭到天空中看看能找到些什么。

## 举世闻名的无人驾驶飞行

通常情况下，无人驾驶的探测器无法安然返回地球，甚至还可能会飞离太阳系。这里为你提供了一些资料，只是其中非常小的一部分，以发射时间为顺序。

月球2号　发射于1959年9月。它是第一个登上月球的探测器。遗憾的是，它顺利飞完全程之后，在着陆的时候爆炸了。

金星4号　发射于1967年6月。它不但是第一个顺利登上金星的探测器，而且成功地发回了有关信息资料（于1967年10月登陆）。

51

探测器5号 发射于1968年9月。第一个成功绕月球飞行并返回地球的探测器，它还载有一些十分特殊的乘客——乌龟。

52

月球16号 发射于1970年9月。它是首位太空纪念品的采集者。它成功登上月球以后，采集了少量月球岩石和尘埃，并将它们带回地球。

**火星2号和3号** 发射于1971年5月。首次成功登上火星的探测器，但它们只发回了几秒钟的信息资料（1971年12月）。

火星简直太怪了！

**先驱者10号** 发射于1972年3月。第一个抵达木星的探测器（于1973年12月抵达）。

**先驱者11号** 发射于1973年4月。第一个抵达土星的探测器（于1979年9月抵达）。

**水手10号** 发射于1973年11月。第一个抵达水星的探测器（于1974年3月抵达）。

**海盗1号** 发射于1975年8月。第一个真正成功登上火星的探测器，从1976年6月登陆起，持续发回宝贵的信息资料长达7年！

**伽利略号** 发射于1989年10月。第一个成功登上木星的探测器（于1995年12月着陆）。曾持续发回了近1小时的信息资料，之后便坠毁烧成灰烬。

好吧，我的任务完成了！

## 最出色的探测器

*旅行者*2号　于1977年8月发射。它越过木星和土星，又经过历时8年半的持续飞行，成为第一个抵达天王星的探测器。1986年1月抵达天王星，3年半以后，于1989年8月抵达海王星。抵达海王星的旅程花费了12年之久，但是，它的抵达时间与预定时间只有6分钟的误差！抵达海王星的时候，旅行者2号上的设备已经工作了12年之久！而在此之前的11年里，它只启用了备用接收机！在这样的条件下，它竟然发现了天王星拥有10余颗卫星，海王星也有6颗以上的卫星。与此同时，它还发回了令人难以置信的图片。现在，旅行者2号已脱离了太阳系，而且极有可能还以它的微型无线电给我们发回更惊人的图片。可惜的是，它的信号实在太微弱，我们无法接收，已经和它失去了联系。

当然，天文学家仍然在向外太空发射探测器，以获取更详尽的信息资料，但可惜的是，还没有一个探测器能像旅行者2号那样有这么多新的发现，令全世界为之兴奋。

并不是所有的无人飞行器都是为了造访其他星球，它们之中一大部分的作用只是将卫星送入轨道。我们曾送入太空的最酷的东西之一还要数——

54

## 哈勃太空望远镜

在地球上，即使用最高倍的望远镜，我们也无法得到真正清晰的图像，因为地球的大气层扭曲了我们所看到的东西。哈勃太空望远镜（现代科学家习惯把它叫做HST）建造于1990年，由于太空中没有大气的遮挡，因此，它所发回来的图像比在地球上观测的要清晰100倍。

当把哈勃太空望远镜首次送入太空的时候，出现了一个小差错。望远镜的主要部件是一个十分特殊的直径为2.4米的曲镜，但是它的尺寸不够精确——大约有一根头发丝粗细的误差！于是校正它就成了一个技术要求甚高的航天任务。1993年12月，几位航天员乘坐"奋进号"航天飞机飞向了HST，在上面安装了一个附件进行校正。完成这项任务花了11天时间，进行了5次舱外活动，再加上我们无尽的勇气！

经过了无数次无人驾驶飞行，现在该轮到我们亲自到太空去看看了。

在人类进入太空以前，各种各样的小动物都曾被送入太空，用以测试在太空旅行中能否存活。这些幸运者包括老鼠、狗和猴子。

这里有一个故事，主角是一只叫比泽的小猴子。比泽实际上已经5次造访太空，在它的最后一次太空旅行中，人类终于获准同行。当航天飞船进入预定轨道之后，比泽和那位人类同行者分别打开一个信封接受指示。

比泽打开它的信封，上面指示说："用电脑陀螺仪检测飞船的高度、飞行速度以及目前的地理位置；检查舱内生命维持系统是否正确记录着室温及舱压；检查空气循环系统是否正常工作；监控燃料消耗量并查看与地球基地保持联系的通道是否全部打开。"

那个人类同伴也打开了他的信封，上面指示说："别忘了喂猴子。"

# 载人太空飞行

到目前为止，人类只做过到月球或宇宙空间站的短途旅行，这主要是因为人们坚持这样认为：工作完成以后一定要回家。好，现在我们假设一下，你要独自完成一次太空穿越——

▶ 我们先假定在火箭上你有充足的食物和水，而且你并不介意是否还能回来。

▶ 在出发前，你最好能弄明白，长途跋涉穿越太空，并不像搭乘公共汽车穿过小镇去看望你的奶奶那么简单……

# 如何在太空中飞行

到现在为止，你一定已经感觉到宇宙的浩瀚无际。在这漫无边际的太空中，唯一陪伴我们的只有384 000千米之外的月球。

如果你驾驶一辆小汽车驶向月球，需要25 000升的汽油才能到达，而且还需要同等数量的汽油供返程使用。很显然，太空中没有加油站，所以你就不得不自己备足燃料。即使你只想驾车到达最近的行星——金星，也需要携带上百万升的燃料——它们足够装满几个游泳池了！

当然，你携带的燃料越多，你的汽车也就越难启动。也就是说，如果你想多带点燃料，那就必须带更多的燃料……事实上，你想带的燃料越多，需要的燃料就越多！太空旅行与你在高速公路上驾车完全不同，最困难的是在离开地球的前几分钟，你就会耗掉大半的燃料。为什么离开地球这么难呢？那是因为——

## 地心引力

宇宙间的任何物体（包括你，你正在读的这本书，甚至一个水滴）都处在自身的引力场中，这个引力场能把其他物体吸引过来。

物体的质量越大，它自身形成的引力场就越强。行星之所以围绕太阳以一定的运行轨道运转，是因为太阳的引力特别强，能把上百万千米远的物体吸引住。月球围绕地球运转，因为它们各自的引力场相互吸引。大海之所以有潮汐，是因为海水受太阳和月球的引力场影响。当然你也受到引力的影响，地球以其强大的引力场吸引你，但同时你也通过非常微弱的引力场吸引地球！

更加奇怪的是，如果你站在一个人旁边（即使你非常讨厌他），你们也会通过彼此的引力场相互吸引。但是不用担心，因为两人之间的引力还不如蚊子扇动翅膀产生的风力大呢！

关于地心引力还有一个非常重要的特征：两个物体离得越远，它们之间的引力就越弱。谢天谢地！不然的话，我们根本不能进入太空。

当你进入航天飞船，火箭点火之后，你会发现自己正向上运动，逐渐远离地球。飞得越远，你受地心引力的影响就越弱，最后，你甚至可以完全用不着发动机就能在太空漂浮着了。

还有两点会使太空旅行变得更轻松：

▶ 那里几乎没有任何因素会使你的航天飞船速度减慢（没有

山峦，没有路面摩擦力，没有交通阻塞，没有空气阻力），航天飞船会这样漂浮几年，速度不会减小，你只需偶尔用发动机控制一下方向。

▶ 穿过太阳系的时候，你还可以利用其他行星的引力场给航天飞船增加"动力"。

奇怪的是，虽然重力对你离开地球有极大的阻碍，可一旦你飞行在太空中，它对你朝着正确方向行进就非常有利了……说了这么多，只有一种方法能真正揭示所有的一切——

## 让我们做个驾驶试验

备足燃料，登上航天飞船，检查一下饮料和食物是否充足，因为我们马上要开始长途旅行了。

三……二……一，发射！

▶ 当火箭加速飞入空中，你会感觉像有只犀牛顶着你的背。如果这时候你突然觉得鼻子痒的话……糟糕！你想抬起手来挠挠，可是却抬不起来，因为你觉得自己的手有千斤重。

呼！

▶ 随着加速度逐渐减小，好像一头大象坐在你大腿上的这种感觉逐渐减弱。

▶ 过不多久，你也许会听到一阵砰砰声或者咔咔声，这意味着火箭已用光了贮箱里的燃料。这时计算机已自动点燃引爆装置，把空贮箱炸掉。（油箱空了，也就没用了，那你就没必要带它们走完全程了，对吧？）

## 停泊在太空

到达几千千米高空以后，周围变得平静起来，因为这时候你关掉了发动机，进入一条"停泊"轨道。也就是说，此时航天飞船正以精确的速度和高度，围绕着地球运行。因为这里没有大气层，没有任何因素会阻碍你的前进速度，所以此时你不需使用发动机。

当航天飞船围绕地球运行时，你就可以放松一下，解开安全带，任航天飞船漂浮。你现在处于失重状态，注意，在你习惯这种状态之前，不要总是快速地转来转去。失重状态对你肠胃的影响程度，一般来说是玩滑板的10倍！你也不希望把航行的时间都花费在清洗控制板上的呕吐物上吧！

进入太空巡航前，在这条"停泊"轨道上我们仍有几个小时的时间。让我们利用这段时间研究一下运行轨道是怎么回事吧。

假设你正在某行星上空飞行，比方说地球上空……

如果你突然停下来，那你将从高空摔到地面上——扑通！

如果你行进得很慢，那就会渐渐下降；如果你没有准备好着陆，那就会——哐当！

如果你开得太快，行星的引力会使你稍微偏离轨道，把你射入太空——嗖！

但是，如果你精确地以合适的速度行驶的话，你会发现，自己正围绕行星运行——嗯！

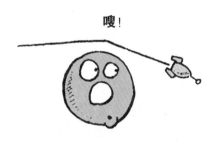

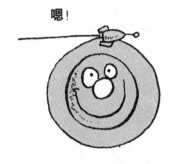

合适的运行速度，取决于你在空中的高度——轨道离地球越远，你运行的速度就越慢。

我们来看一个轨道的例子：如果你处在离地球36 000千米的高空，你需要以11 000千米每小时的速度运行。这个特别的运行速度极为重要，因为沿着这个轨道，你就可以每24小时环绕地球运行一周。当然，这也是地球的自转周期。因此，如果你是以这一速度运行的话，你就始终处在地球上空某一固定位置上（这个轨道叫做"地球同步轨道"）。许多卫星包括转播电视的卫星，都在这条轨道上运行。

当然了，并非只有航天飞船才在轨道上运行。月球在384 000千米的高度上围绕地球运行，地球在距离太阳1.5亿千米的高度上围绕太阳运行……

好了，我们对运行轨道的知识已有所了解，现在该继续前进了。按动某一装置就可以使航天飞船加快速度，使我们脱离刚停泊过的轨道，在太空中自由翱翔！不错，真正的太空旅行必须在准确的时间脱离轨道，精确到几分之一秒。这样，我们就可以顺利地抵达下一个目的地了，有时还需要用少量的燃料来纠正旅途的偏差。

## 推进技术、太空弹球和苏格兰乡村舞曲

虽然我们几乎不使用发动机，就可以穿过太空运行数百万千米，但我们还是应该抓住发动机关闭的机会做点什么。我们主要来研究如何利用所谓的"引力援助"技术，这有点像在巨型太空弹球桌旁玩弹球游戏。

为了让你理解这一工作原理，你需要一位叫摩拉格的好心朋友来帮忙，还要有一块儿空地。一盘苏格兰舞曲磁带（比如韦·吉米·迈克伯兰和他的辣布丁乐队）可能会有帮助，但也不是必需的。现在你这样做：

1. 让摩拉格以你为中心，在距离你5米远的地方围着你跳舞。

2. 播放苏格兰舞曲磁带。

3. 伸出一只胳膊，轻快地跳向摩拉格。

4. 当你经过摩拉格时，让她抓住你的胳膊，拉你旋转1/4周，然后放开手。

5. 除非摩拉格身体非常弱，否则你很可能一头撞向最近的一面墙壁。

这种做法看上去傻气十足，但是，在恰当的时间和地点，航天飞船和行星也会做出同样的事情。

你现在准备去巴兹行星，但你飞得非常慢。幸运的是佐格行

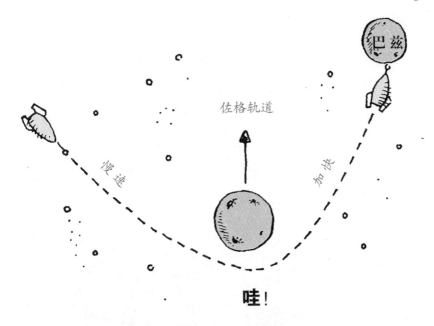

星有一个很强的引力场，加上位置非常有利，对你的飞行大有好处。现在你只要在经过佐格星时，抓住它，加速，然后冲过去！

当你的航天飞船悠闲地飞向佐格星时，如果你高兴，可以欣赏韦·吉米·迈克伯兰的舞曲磁带。

现在，集中注意力，因为你的决策至关重要。你需要准确算出自己的速度，还有接近佐格星的精确位置。

▶ 如果飞得太近，航天飞船会坠毁，就像你直接跑向摩拉格会把她撞倒一样。

▶ 如果飞得不够近，佐格的引力不能吸引你，你会跌跌撞撞地飞入太空，就如同你没能靠近摩拉格好让她抓住你一样。

▶ 但是，如果你恰好能被佐格星的引力抓住，并像摩拉格拉着你旋转1/4周那样旋转，你就会被抛向巴兹星。

到目前为止，你已经掌握了如何发射升空，如何在太空中停泊和加速行驶。现在你只需要学习另一项技术，就是——

63

## 着陆

这里最关键的问题是你必须慎重选择着陆地点。

▶ 如果降落在引力极大的行星或卫星上，你就再也无法离开了。（切记：起飞需要耗费大量的燃料，而你偏偏没有带那么多。）

▶ 必须确保降落面适合航天飞船着陆。你可能需要坚固的陆地，也可能比较偏爱水面，比如，一片广阔的海洋。

迄今为止，人类仅仅到过月球。月球的表面是坚固的，而且幸运的是，它的引力相当弱，所以人类能够返回地球。就目前的技术而言，很难想象，人类如何才能够登上其他星球而不被拽住呢？

当然，人类发射的大多数登陆航天飞船都返回了地球。

通常的情况是，当航天飞船从太空中返回时，它绕行地球几周（以确定降落地点），然后迅速穿过大气层，这时温度急速上升，最后，载有航天员的返回舱打开降落伞，坠入海中，激起一片水花。虽然这种方式相当有效，但这意味着一艘航天飞船只能使用一次。

最近，人类设计的航天飞机能像飞机一样降落。虽然在航行过程中，航天飞机要抛弃空燃料箱，但航天飞机最昂贵的部分仍然完好无损地保留下来，可以再次使用。从这个意义上讲，已经是很大进步了。

完美的境界是设计出不需要大量燃料的发射系统，并且，火箭不会在太空抛弃太多的空燃料箱而使太空充满垃圾。这儿有一个主意：

上完了驾驶课，让我们放松一下吧！

# 去拜访我们的邻居

　　我们将拜访太阳系里其他所有的行星，找出那些星球与地球大相径庭的古怪东西。但是，出发前，我们必须制订一个旅行计划。（太空漫无边际，行星又小得可怜，如果不做计划，我们很可能会迷路的！）

　　在太阳系中，我们要拜访9颗行星。如果它们排列在一条直线上，而且两者之间保持最短的距离，我们就直接逐一拜访，不是很方便吗？

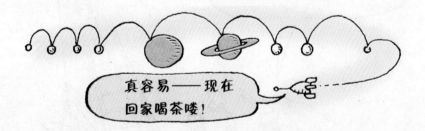

　　不幸的是，所有的行星都以不同的速度围绕太阳公转，所以它们极可能散落在各处，就像这样：

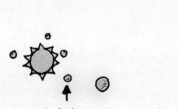

注意，即使行星处于一条直线上，对我们来讲也没有任何帮助。因为，在当前的技术条件下，我们必须依赖"引力援助"技术才能使飞船达到必要的速度，（你觉得100 000千米/小时的速度是不是够快？）这意味着我们需要行星排在一条曲线上。下面是围绕其中几颗行星的可能性路线：

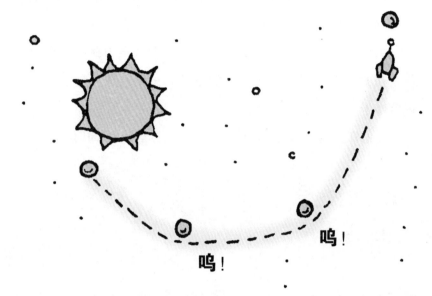

当然，这需要做一大堆计划。一个更大的问题是，如果我们想看到所有的行星，这种最佳的排列位置要几千年才出现一次。

我们不得不做这样的假设：

▶ 我们拥有一个超级先进的航天器，它不必利用"引力援助"技术就能够以任何速度穿越任意距离。

▶ 我们的航天器超级先进还在于，它能在任何地点降落并且再度起飞，即使当地的引力极其强大也不受妨碍。

▶ 行星要整齐地列成一队，并且保持两者之间最短的距离，在我们到达前，它们的位置应该保持不变。

在我们出发之前，还有最后一件事情需要考虑——

67

## 其他行星对我们人类来说安全吗?

虽然人类的足迹最远只到达过月球,可太空探测器已经探测了更远的地方,并且发回了许多我们感兴趣的详细资料,还有关于不同星球危险程度的报告。

拜访另一个行星不像参观另一个城镇那么容易。你不能到那里悠闲地踱步,然后找个地方喝点什么。在地球上,我们可以自由地呼吸,不用担心会被风吹跑或者被重力挤压成煎饼。这些在我们看来都是理所当然的事情,可在其他星球上未必是这个样子。

我们在其他星球着陆以前,需要首先考察7个方面的问题。

### 行星检测报告:

1. 行星表面
2. 表面重力
3. 大气
4. 表面压力
5. 表面温度
6. 辐射强度
7. 风力

假设一个外星人来到地球,他的行星检测报告大概就是这个样子。

# 行星检测报告

1. **行星表面**：近3/4的表面覆盖着一种无毒、无腐蚀性的液体，其余部分大都是安全的陆地。

2. **表面重力**：中等大小。足以使你停留下来又不会将你压扁。

3. **大气**：中等密度。氮气和氧气的混合气体，无毒，可维持生命。

4. **表面压力**：中等大小。你不会因为内外压力差过大而爆炸。

5. **表面温度**：中等程度。既不会使气体冷凝，也不会使金属熔化。

6. **辐射强度**：最小限度。大体来说是无害的。

7. **风力**：几乎没有风。150千米/小时的狂风非常罕见。

遗憾的是，一个聪明的外星人发现报告中有些细节需要加以解释，如同下文这样：

辐射强度、表面温度和大气已经以对人体安全无害的状态存在了数百万年，可是，所谓"聪明"的地球人很有可能使这种状态遭到破坏。目前，地球的大气层已经濒临被彻底破坏的程度，随之必然会引起温度的迅速升高，由此而产生的危险辐射也快要失去控制了。

## 必不可少的大气层

上述报告中大多数内容的重要性都是显而易见的，可是你也许会奇怪，为什么大气那么重要呢？实际上，在大多数行星上，大气都是有毒的，对人来说毫无益处，不是吗？可是，如果地球上一点大气都没有，那会怎么样——

▶ 你被陨石击中的可能性大大增加。

▶ 你可能遭受来自太空的辐射袭击。

▶ 你将自爆身亡。

▶ 你的血液将沸腾并且蒸发掉。

在陨石降落到地面并产生破坏作用之前，大气层使它燃烧殆尽，只有最大的陨石才能免于全部燃烧。大气层还能阻挡来自太空的辐射，起着保护伞的作用。在这里我想提醒你，如果真的没有了大气，你也没有多少时间去考虑这些问题，因为你的身体已经爆炸，你的血液也都沸腾蒸发了！这是因为没有了大气，也就没有了大气压。

## 我们为什么需要大气压

你到过游泳池深水区的底部吗？如果答案是肯定的，那你一定经受过水向你压来的那种感觉，胸部的感觉尤为明显。这是因为如果你游到了2米深处，此时你正处于2米厚的水下，而这些水的重量是非常大的！你如果往水下潜得更深，就需要一些特殊的装备以防止水的压力将你压成肉饼。有些生活在海底的生物，已经习惯了巨大的压力，它们遇到的麻烦是不能适应很小的压力。一旦把它们拿到水面，外部没有了足够的压力，它们就会自爆身亡。

70

当你站在地球表面时，你正处于80多千米厚的大气之下。你可能认为空气没有多重，可80千米厚的空气共同作用，就产生了我们所说的大气压。如果大气压消失了，那么上图中那条鱼的悲剧同样会发生在我们身上，我们会像充满紫色黏液的气球那样炸开。砰！

大气压还控制着液体的沸点温度。如果气压降到很低点，那么在常温下任何液体都可能会沸腾，包括你的血液！

## 漆黑的天空的警告

在地球上，白天天空是蓝色的。这是因为太阳光穿过大气层时，波长较长的光，如红光，透射力大，能透过大气射向地面；而波长短的紫、蓝、青色光，碰到大气分子、水滴等时，容易发生散射现象。被散射了的紫、蓝、青色光布满天空，使天空呈现一片蔚蓝。有一个切实可行的检验方法：如果你站在一个行星上，在这里能看到太阳，但天空却是漆黑一片的，那么当心——这里没有大气。

## 奇怪的年和天

你可能已经知道，地球是在一个椭圆形轨道上绕着太阳公转的，公转一周需要一年的时间。地球在围绕太阳公转的同时，自身也像陀螺一样在自转，自转一圈需要一天的时间。在地球上，天比年短得多。实际上，地球围绕太阳转一圈需要自转365圈，所以一年由365天组成。过一会儿你就会发现，其他星球上的年和天与地球上有很大的不同。

现在你一定迫不及待地要出发了，那么，我们就点火升空吧！

出发后，我们首先将经过金星（如果这些行星刚好排列成我们期望的一条直线），再飞行9000万千米，我们就会到达离太阳最近的一颗小行星了，它就是：

# 水 星

每一颗行星都有自己的标志。

这就是水星的标志。

## 行星检测报告

1. *行星表面*：由坚固的岩石和火山石构成。

2. *表面重力*：微弱（比地球重力的一半还要小）。

3. *大气*：是氦气、钠和氧的混合气体。

4. *表面压力*：几乎没有。

5. *表面温度*：在−180℃至＋430℃之间大幅度变化。
   （2008年5月最新测量结果是−86℃至
   634.5℃之间。）

6. *辐射强度*：当心！有来自太阳的强烈辐射。

7. *风力*：无。

通过这份报告，我们了解到，水星表面是固体的，适于着陆。

▶ 重力非常微弱，这意味着，只要我们愿意，可以跳到4米高。

▶ 温度的大幅度变化是一个非常棘手的问题——有时温度高得足以使石头发光，有时又低得可以把人冻僵。你根本不知道穿什么好。

▶ 压力太小了，这就对人体造成了危害。但从某种意义上来说，这又未尝不是好事。因为这里的大气中充满了污染物。呼吸这里的氦气对我们毫无用处，而呼吸其中的钠和钾这类化学物质就像呼吸酸性物质一样有害！

▶ 即使你能够克服上述所有困难在水星上存活下来，但是由于水星离太阳太近，太阳释放的大量致命射线也终将置你于死地。

我们暂且把这些危及生命的因素当做小事情放在一边，真正重要的问题摆在面前，那就是——

## 我们在水星做什么

在水星上值得我们做的事情听起来有点荒唐，但无论如何，在水星上最酷的事情就是看太阳。因为你可以看到在地球上永远也不会看到的两种景观。

▶ 太阳有时大有时小。

▶ 太阳有时向前走有时向后退。

在地球上我们看到的太阳非常单调，总是这样：

▶ 太阳从东方升起。

▶ 太阳在西方落下。

夏天，有时候太阳出来的时间长一点，挂在天空的位置也比平常高一点，但其他日子几乎没有什么变化。

在水星上，太阳看起来要有意思得多，你也许会看到这样的景象：

▶ 太阳出现在地平线上。

▶ 太阳在升高的同时也慢慢大起来。

▶ 当太阳升到天空顶上的时候停了下来，然后开始沿着上升的路线滑了回去。

▶ 太阳再一次改变主意，继续穿越天空。

▶ 太阳落山的时候变得越来越小。

▶ 就在太阳落山的一刹那，它又突然作出决定跳了回来。

▶ 最后，太阳决定结束它的这次旅行，消失在地平线以下。

太阳看起来忽大忽小的问题很容易理解，那是因为，与大多数行星以椭圆形轨道围绕太阳运行一样，水星也是按照椭圆形轨道环绕太阳的，也就是说水星离太阳有时近有时远。

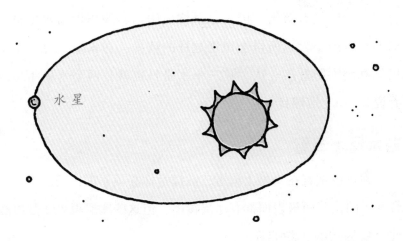

水星

当然，当水星靠近太阳时，太阳看起来比水星距离远时要大一些（水星上看到太阳最大时比我们在地球上看到的太阳大两倍）。水星与太阳间的距离在4600万千米到7000万千米之间变化。

那么，太阳看起来向后退又是怎么回事呢？更加不可思议的是，这个问题要归结到每一水星年里仅有1.5个水星日这一事实上。水星仅用88天便可以环绕太阳一周，它的运行轨道周长比地球轨道周长短，其公转速度却是地球公转速度的3倍。水星也像地球一样自转，但其速度比地球慢很多——事实上，水星要用59个地球日才能自转一周，这就意味着一水星年有88个地球日，一水星日有59个地球日，这个问题简单吧？

我们每天都能看到日出，这是因为地球每自转一周我们就看到太阳升起一次，又因为地球以很接近于圆形的椭圆形轨道围绕太阳公转，所以，在我们看来太阳总在相同的位置，而且距离我们的远近也没有什么差异。现在假设一下，太阳不是总在相同位置，那么就会有这样的情况：有些天太阳没有升起，有些天太阳没有落下。因为水星绕太阳运转的周期与水星自转周期相差的不大，所以会出现这样的情况：在水星上每三个水星日看到太阳升落一次，这三个水星日也就是两个水星年（或者说是176个地球日）。

## 在水星上滑雪

你可以试着在水星上滑雪，前提是你必须非常擅长滑雪。尽管水星的南北两极表面都有冰层覆盖，但这些冰层很可能是由酸性物质构成的。除非你滑得确实非常快，否则你的滑雪板、长靴、昂贵的滑雪裤和运动手套都会被酸性物质腐蚀掉。大概只有你那顶值不了什么钱的绒线帽子能幸免于难。

## 水星人长什么样

可惜，水星上没有居民（我们所了解的其他星球上同样没有居民）。但是假设有一种生物在水星上进化，你期望他们是什么样子？

因为水星上重力很小，所以水星人可能个子长得很高，也许可能有5层楼那么高。为了适应温度的骤变，他们得把所有的内脏装在一种真空瓶子里。他们暴露在外面的部分必须涂有一层闪闪发亮的镀银，用来反射太阳光。当太阳光强烈时，他们的眼睛必须变成一丁点儿；没有太阳时，他们的眼睛又像伞一样张开。

这是一段精彩的水星对白：

"唉！我的裤子着火了。"

"呀！我的眼球冻住了。"（以上对话每隔几小时重复一次。）

"我想我的日晷该修理了。"

"看，那边冰冠上不是一顶绒线帽吗？"

水星就先参观到这里吧，我们现在转回来，去看看离太阳稍远的地方。如果行星静静地排成一列，我们只要走5000万千米的路程就可以到达另一个星球，让我们飞到那儿去，看看它……

# 金 星

## 行星检测报告

1. **行星表面**：由坚固的岩石、环形山和巨大的火山构成。
2. **表面重力**：和地球差不多。
3. **大气**：由二氧化碳和饱含硫酸的厚云层构成。
4. **表面压力**：非常强大——几乎超过地球压力的100倍。
5. **表面温度**：平均温度为495℃。
6. **辐射强度**：无。
7. **风力**：地表无风，但酸云层风速可达360千米/小时。

当你走近金星时，看到它无比灿烂，泛着粉红色的光，闪闪发亮，像是一个旅游的好地方，但是不要被假象迷惑啊！

▶ 如果高速运动的酸云层没有把你和航天器熔化，那么接近地面的时候，你也可能被烧死，因为金星的温度实在太高了，铅都会被熔化。

▶ 如果你设法到达了金星地面，千万别离开航天器，否则大气的压力会把你挤成果冻。

如果你决定冒险到四周看看，你会见到大量的岩石、冒着热气的火山口，还有多云的橘色天空。有一对火山叫锐雅和赛雅，它们比地球上任何火山都要大很多。尽管它们看起来像是处在休眠状态，但我们不能完全肯定它们会不会偶尔爆发一下。现在，你可能已经了解了金星是个多么令人烦恼的地方——你可能被熔化，烧死，压成果冻，然后再被淹没在熔岩下。

多么热烈的
欢迎啊！

　　你也许会奇怪金星为什么那么热——尽管它与太阳之间的距离是水星与太阳之间距离的2倍，可它甚至比水星还要热。原因是金星大气中的二氧化碳，能吸收所有来自太阳的热量而不再释放出这些热量。

　　　　当提到地球上的"温室效应"时，空气中不断增长的二氧化碳气体让人们担忧。问题的根源是汽车、工厂排放二氧化碳，而我们却不断地制造汽车、开办工厂。树木和其他植物可以吸收二氧化碳，而我们却不断地砍伐它们。如果空气中的二氧化碳不断增长，地球也许最终会变得像金星一样热！

## 奇怪的时间

　　金星显得非常特别：它绕太阳转一圈要225个地球日，而自转一周却要243个地球日。这就是说，金星上的一天比金星上的一年还长！而且，相对于其他星球来说，金星是倒转的。

## 用模型演示星球倒转

　　找来一个又圆又软类似橘子的东西，用尖尖的铅笔或别的长棍直插下去，穿过球心。这样，你就做好了一个"星体"。铅笔插进去的地方是星球的北极，穿出来的地方是南极。

水星　　　　　地球　　　　　金星

　　直握铅笔，把你的星体从左向右旋转，这就是水星的自转方式。继续保持星球转动，同时，把你手中的铅笔稍倾斜一些，现在你就见到了地球的自转方式。然后，接着转动星球，但是要把铅笔逐渐倒立过来，这就是金星的自转……反向旋转！

## 金星上的生物

　　如果金星上有生物的话，那它一定为了适应金星上强大的空气压力而变得又圆又小，看上去有点像乌龟。它最常说的话就是："哎哟，好痛！"因为它经常走在滚烫的岩石上。由于金星是这样一个酷热的、危险的地方，推销员会来这里向你推销电冰箱和人身保险。

这样跳着走，脚丫就不那么烫了。

## 怎样在金星上交朋友

你只需带上一个普通的烤箱，把它打开，那么金星上的生物排着长队想挤进去，因为烤箱里比外面凉快多了！如果你再给它们提供一些冰淇淋，它们就会选你当总统的。

我这儿有水果冰淇淋！

到时候了，离开金星吧。如果幸运的话，我们只需飞行40 000 000千米，就到达围绕太阳旋转的第三个星球上了。你觉得这里很熟悉吗？那就对了！因为我们已经回到了——

# 地 球

## 在地球上做在其他星球上不能做的事

▶ 投资。

▶ 看电视。

▶ 不穿衣服在外面跑至少1秒钟（即使自己看上去滑稽可笑）。

总的来说，地球是个相当不错的地方，但是你知道我们不能在这儿花费太多的时间。但是，我们发现了一个只有地球拥有，而火星、水星都不具有的特点，那就是地球还有一个可去之处，大自然缔造的卫星，我们把它叫做：

# 月球

月球距离地球只有约384 000千米远，既然我们已经来到这里，就让我们降落在月球上看看吧。

---

## 卫星检测报告

1. 卫星表面：虽然是固体，但有许多灰尘。

2. 表面重力：极弱，只有地球的1/6。

3. 大气：无。

4. 表面压力：无。

5. 表面温度：昼夜温差非常大，晚间-183℃，白天127℃。

6. 辐射强度：要警惕来自太空的射线。

7. 风力：无。

---

停留在月球上与停留在水星上非常相像，因为这儿不太热，而且辐射也不是大问题。

## 月球上的白天与黑夜

由于月球陪伴地球一起围绕太阳旋转，所以月球的一年和地球的一年相同。还有重要的一点，月球围绕地球旋转一周，花费的时间是27天7小时43分。同时，月球自己也在自转，我们来猜一猜它自转一周需要用多少时间？自转一周也是27天7小时43分，与围绕地球旋转一周的时间完全相同。这就是说，我们从地球上总是看见月球的一面，而永远也看不到月球的另一面，除非我们把火箭发射到月球背后。

假设你正坐在房间中一把可以旋转的椅子上，一个叫詹妮特的人围着你转圈，她总是面对着你，显然，如果你边转边看着她，你也只能看到她的脸。这里詹妮特扮演了与月球相同的角色。也就是说她每绕你一圈，她也正好自转一圈。

詹妮特慢慢地把脸朝向你

你旋转

假设月球不自转，只是围绕地球旋转，那么情形和詹妮特围绕着你转圈是一样的，她总是面朝一个固定方向。有时你只能看见她的后脑勺，而有时你又只能看见她的脸。

詹妮特只面朝一个方向

你旋转

好，感谢詹妮特给我们做了一个活生生的示范。

## 遥望家园

如果从月球上看地球，你会发现地球似乎总是挂在天空同一位置。当然它是在自转着——你盯着地球看，开始看到澳大利亚，12小时后你会看到欧洲。你还会看到地球有类似月相的变化——有时你只能看到月牙般的地球，有时你能看到完整的地球。

## 月球上的时间

在月球上看日出日落，你会发现一个完整的白昼等于地球上的30天之久。你如果是戴着手表生活在月球上，会发现一个午夜距离下一个午夜竟然有700个小时。这就是说，时间可能是这样的：20点409分，或者差15分604点，或者135点整。如果你有一个报时的钟，大概会把它累垮的。

## 在月球上干什么

带上水和铲子，因为月球上最惬意的消遣方式就是堆沙堡……更精确点说，是堆"月球沙堡"。这是因为月球上没有空气，也没有风，你堆的堡垒永远不会倒。如果你仔细找一找，还可能看见第一个航天员于1969年登上月球时留下的脚印——它们肯定还清晰地留在那里。

## 月球生命

如月球上有生命存在，他们会长得比水星上的生物更高。他们会穿毛皮大衣来御寒，而且他们有很多只手，手中拿着鸡毛掸子、吸尘器或者其他类似的东西，因为月球上到处都是灰尘。又由于月球上的白天和黑夜都很长，他们会有很大的眼袋。他们的娱乐方式可能是骑着弹跳力极好的太空袋鼠跳来跳去。

84

月球上令人感动的道白：

如果我们选择恰当时机起飞，我们下一个目的地还不到8000万千米远。那么，让我们去太阳系的第四个行星上漫游吧，那就是——

# 火星

## 行星检测报告

1. *行星表面*：岩状山脉，深深的裂谷，还有巨大的火山群。
2. *表面重力*：比较弱（不及地球的一半）。
3. *大气*：以二氧化碳为主。
4. *表面压力*：非常小（小于地球的1%）。
5. *表面温度*：在−133℃到−55℃之间，但是夏季可达17℃。
6. *辐射强度*：有一些来自宇宙的放射物。
7. *风力*：除一些沙尘暴以外，通常比较弱。

你会感受到，火星的夜晚非常寒冷，而且气压很低。不过，除此以外，火星并不是一个危险的地方。只要你找到一块宽敞的地面降落，火星绝不逊色于月球。

火星以"红色行星"而闻名。因此，当你看到岩状的地面呈现为红色时，千万可别吓坏了。火星上有一些令人望而生畏的火山群，其中有奥林匹斯山，它比地球上的珠穆朗玛峰还要高3倍。不过幸运的是，这些火山没有哪一个有再次喷发的迹象。

## 火星滑雪

毫无疑问，火星肯定是最终的滑雪胜地。这里有很多大冰山和环形山，可让你飞旋而下，令你的假日照片更加壮观。一些冰川是冻结的二氧化碳，这种物质正是流行乐队在舞台上制造烟雾所用的材料。如果你顺坡滑下，一道耀眼的白色烟雾会从你的雪橇尾部喷射而出。

## 年 与 天

在地球以外的所有行星中，火星上的年与天的周期与地球最为接近。一火星年是687个地球天，也就是说一火星年比两个地球年稍微短一点。火星上每一天有24小时37分，只比地球的一天长一点。要是你在火星上，每天早晨，你可以躺在床上，多睡37分钟，起床时却一点不晚。

## 火星的卫星

地球只有一颗天然卫星——月球，可是火星却有两颗——火卫一和火卫二。你会不会嫉妒火星呢？其实不必这样，因为我们的月球直径达3500千米，并且不容置疑，它是太阳系中最大、最漂亮的卫星。相比之下，小小的火卫一直径只有27千米。如果你觉得它小得可怜，那么，当你得知火卫二的直径只有15千米时，你一定会大笑起来。站在火星上看火卫二的大小与形状，就像你看足球场另一端的一个土豆一样，你一定觉得很有趣。

## 火星上有生命吗

　　事实上，对于火星生命的研究，人们几乎快要绝望了。直到最近，事情才有了令人激动的重大进展。科学家们到底发现了什么？是拿着等离子枪嗡嗡作响的绿色怪物吗？是巨型会说话的太空树吗？还是能够以任何形态出现的无性繁殖的智能生物呢？

　　不，并不是这些。科学家们正在研究一块13 000年前落在地球南极附近的陨石，他们确认，这块陨石来自于火星。在陨石内部，科学家们发现了一些非常微小的物体，他们认为这些是化石——也就是由某种生物留下的残骸。这些"火星生物"死于几百万年前，大概是某种低级植物，一根头发的横断面中就可能有上百个这样的单体植物。尽管这么微小，人们还是被这一发现震惊。因为，如果有生命存在于地球之外的某处，那么，整个星系可能处处都有生命存在，这谁又能说清楚呢？

## 火星生物

　　让我们假设化石里留下来的那些微小生物已经设法进化。由于火星上很冷，它为了保暖而住在地下，因此，它可能是一种鼹鼠，长着可以咀嚼岩石的金刚石牙齿。当出现在火星表面上的时候，火星人需要把眼睛瞪圆来看东西，因为这里的阳光只有别处的一半儿强。火星人的脚应该进化得又大又长，可以不用滑雪板就能从陡直的雪坡上滑下去，而那些喜欢耍酷的火星人滑雪的时候只用一只脚。当然，它们滑雪的时候会穿得非常鲜艳，戴着滑雪帽。

你大概还没听说过这些刺激火星生物的话吧：

"星球虽然美丽，但是卫星不够漂亮。"

"你们能确定那些火山是安全的吗？"

"当然，你们没去过火星，怎么能体会到真正的滑雪感觉呢？"

现在我们该继续旅行了，不过情况会变得比较复杂。这次我们将不再在内行星之间徘徊——进行8000万千米左右的航行——而是作一次穿越漫长的宇宙空间，到达巨型行星的真正长途旅行。下一步我们将去拜访木星，它距离火星最多有5.5亿多千米。不过,这次我们不能把飞行任务交给自动驾驶仪，自己在一边休息,因为这段旅途上充满了危险！我们必须穿过——

## 小行星带

在火星和木星之间有成千上万颗小行星，它们就像许多微小的行星，绕着太阳不停地旋转，其中最大的小行星叫做塞瑞斯，它的直径有1000千米；最小的比一粒沙子还小，如果你能找到它，就叫它底德里·斯奎特好了。如果我们希望在一年内从火星到达木星，就必须达到时速60 000千米，以这个速度航行，即使撞上微小的底德里·斯奎特，也是非常危险的。

## 小行星揭秘

▶ 大多数小行星的运行轨道是圆形的。

▶ 一些小行星和小一点的行星极其相似，它们都拥有围绕自己旋转的微型卫星。

▶ 一些小行星不在意自己运行到哪里，偶尔一两颗会来到离地球很近的地方，引起人类的担心。

▶ 人们认为，小行星也许是早期太阳系中，某个正在形成过程中的行星受到木星强大的引力场吸引而被拉成的碎块。

▶ 大一些的小行星是圆形的，但是较小的小行星呈现为各种不同的形状，挺有意思的。比如，其中一个叫做爱若斯的小行星，形状有点儿像一根37千米长的大香肠。

## 小行星游戏

所有的外层空间探测器都能够安然无恙地穿过小行星带。这不但需要高超的技术，还需要相当好的运气！这里有一个小游戏，看你是不是能够穿过小行星带。你只要准备一个骰子就可以玩了。你也可以和朋友比赛，两人轮番上阵。

▶ 穿越小行星带的旅行开始了。你要不停地掷骰子，直到掷出"1"，然后进入第一个区域。

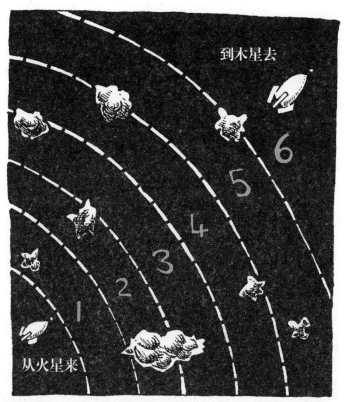

▶ 继续掷骰子，直到掷出"2"，然后再掷出一个"3"，接着掷出一个"4"，再掷出一个"5"，依次穿过各个区域。

▶ 最后，掷出"6"。如果顺利，你就成功地穿过了小行星带。

这看起来似乎非常简单，但是——

如果掷骰子掷出与前一次相同的数字，那就意味着你和一个小行星相撞了！从图表中找到和骰子上的数字相对应的区域，看看究竟发生了什么事。

1. 你碰到的是一个像蚂蚁那么大的小行星，你的防护屏被打碎。游戏可以继续进行，不过别再碰上任何小行星，否则你的探测器就会爆炸。

2. 你的机身被一颗很小的小行星划伤了，而防护屏还没有损坏，可以继续进行下去。

3. 你撞到一颗豌豆大小的小行星，但值得庆幸的是，你的探测器未爆炸（前提是你的防护屏依然完好），但是游戏必须重新开始。

4. 你从费森旁边擦过——费森是一颗直径5千米的无运行规律的小行星——你的火箭处于失控状态。那么，再掷一次骰子，无论出现哪个数字，你都要从那个数字表示的区域接着玩儿。

5. 这次你撞到的是底德里·斯奎特，你的机身会被撞凹了，速度也会减慢，所以，必须掷出一个"5"字，才能继续游戏。

6. 这次你撞上了塞瑞斯，粉身碎骨，游戏到此结束！

你顺利地穿过小行星带了吗？如果答案是肯定的，我们就直奔下一个目标而去——

# 木星

---

## 行星检测报告

1. *行星表面*：没有可以搭帐篷的地方（木星属于气态行星，没有实体表面）。

2. *表面重力*：大大超过了地球。

3. *大气*：以氢为主的氢氦混合气体。

4. *表面压力*：大得难以置信。

5. *表面温度*：地球观测值为-139℃，"先驱者Ⅱ号"观测值为-148℃。

6. *辐射强度*：具有绝对的杀伤力！

7. *风力*：风暴和旋风大到难以测量。

　　这就是我们拜访的第一个巨型行星。如果这不是一次假想的旅行，毫无疑问，这绝对就是我们生命里的最后一次旅行了。要知道，即使远离木星150 000千米远，它所发出的辐射也是致死剂量的500倍，足以毁掉安装在探测器中的电脑。

## 木星是个"胖子"

　　我们了解木星，首先要知道它的最大特征，那就是它是太阳系中最大的行星。它比地球重317倍。如果你能把太阳系的所有其他行星放在一个巨大的天平上称一称，你就会发现，它的重量是所有行星重量总和的两倍还要多。非常奇怪的是，尽管木星这么重，它的组成部分却主要是气体。你也许认为你将拜访的是一团巨大的云——那你就错了！

　　因为木星体积庞大，所以它具有强大的引力场，许多行星都被这强大的引力吸了进去。于是不但产生了可怕的辐射，而且木星中心的气体也变成了蓝色的液体，甚至变成了透明的固体。这种固体就是固态氢。如果你对化学有所了解，这个名字一定会让你兴奋异常！要知道，一般情况下，在地球上，固态氢只能够存在于 −259℃以下，这个温度仅仅比绝对零度（−273℃）高14℃。但是，在木星上并不需要这样的低温，因为高得难以想象的大气压力就会把液态氢凝固。

　　现在你一定意识到，在木星上是无法着陆的，你最好穿着用3米厚的防辐射铅板保护起来的防护服在木星大气层遨游。（这样似乎看上去很傻，不过至少你有借口不参加跑步了。）

## 在木星上能看到什么

▶ *巨大的红斑* 这是木星上最著名的景观。尽管它横贯数千米，但是不要害怕，它不会像传染病那样四处传播。这种红斑实际上不过是一种类似超级飓风的特大暴风雨。

▶ *大量的闪电* 先捂住你的耳朵，因为闪电过后就是震耳欲聋的雷鸣声。在木星上，狂风暴雨随时都可能袭来。

▶ *宇宙云霓* 在木星大气的表层含有一些氨气。这是一种可以凝固的气体，它们形成了一些绚丽奇妙的彩色图案。

▶ *黑暗地带* 由于云朵形成的方式不同，一些奇异的黑暗地带出现了，它们团团围绕着木星的中部地区。

▶ *超强的磁场* 在地球上，指南针始终指向北方，这是因为地球有一个磁场——就像有一块巨大的磁铁穿过地心。指南针在木星上会一动也不动，因为木星上的磁场比地球上的强14倍。还有一点要提醒你：与地球相比，木星磁场是颠倒过来的。

## 木星上的年与日

按我们的纪年法来计算，木星环绕太阳一周需要近12年时间。其实这是很正常的，因为它比我们有更长的路要走。但是，木星上的天数的确令人感到不可思议：肥胖笨拙的木星仅用9小时50分钟就能完整地自转一周。由于它转得太快了，又由于它本身是由气体构成的，因此出现了一个颇具戏剧性的结果：木星的球体两侧向外凸出去，看上去像一个苏格兰男人旋转他的方格呢短裙，实际上木星根本不需要穿衣服。

这种高速自转同时也是黑暗地带形成的原因之一：一些云团跟不上其他云团的运动速度。

 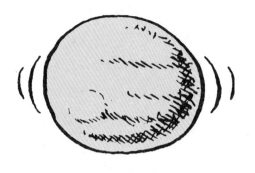

假若木星不曾旋转　　　　　　　　可实际上它转得好快好快!

## 木星的卫星

木星有4个大卫星和12个小一点的卫星，大小形状各不相同。

万一恰巧有人问到你这个问题，你可以从离木星距离最近的那个卫星开始，依次向外列举出它们的名字：

麦蒂斯（Metis）、艾多斯提（Adrastea）、阿马尔西（Amalthea）、塞比（Thebe）、艾奥（Io）、欧罗巴（Europa）、加尼美得（Ganymede）、卡利斯托（Callisto）、勒达（Leda）、海马利亚（Himalia）、里西锡亚（Lysithea）、伊尔瓦克斯（Earwax）、伊拉勒（Elare）、厄南克（Ananke）、卡米（Carme）、帕丝菲亚（Pasiphae）、西诺普（Sinope）。它们当中有一个非常逗乐的名字，即使对于木星的卫星来说，这个名字也足以令人发笑。这一点只能在英文原文中看出来，翻译成中文之后表现不出来。不过我可以告诉你，伊尔瓦克斯的英文原意是耳屎，怎么样？可笑吗？

如果你有一架性能良好的双筒望远镜，你就能从地球上观察到木星的4个大卫星。如果你有机会亲自拜访它们，一定会发现它们之间存在着很大的差别。

97

　　艾奥　直径为3642千米，星体表面布满了活火山。从木星上看，艾奥只比我们在地球上观察到的月亮大一点。（在太阳系离地球最近的行星当中，它是唯一一个看上去比月球大的卫星。）艾奥的照片看上去有点像块比萨饼——但是如果到了艾奥那里，你可千万不要去品尝，那种味道非常恐怖！

　　欧罗巴　直径为3130千米，看上去就像一个脏兮兮的大台球。在它表面有一些黑糊糊的线状物，但是真正意义上的山脉或环形山是不存在的。

　　加尼美得　直径为5268千米，比水星还要大。虽然它是太阳系中最大的卫星，但是从木星上看它只有艾奥的一半大，因为它距离木星实在太远了。加尼美得到处覆盖着冰川，还有许多环形山，但并没有活火山。

　　卡利斯托　直径为4806千米，表面也有冰川和环形山，但是与众不同的是，它还有两块奇异的盆地——瓦海拉和阿斯加德。这盆地就像表面直径300千米的大坑，各自被一系列环状图形围绕着。好奇怪！

## 木星的微弱光环

众所周知，土星被一系列耀眼的光环所围绕，你不用费什么事就能找到这光环。然而，恐怕大多数人不知道木星实际上也有一道光环，可惜它太暗太弱了。如果木星上有人居住的话，他们没准会对那道光环吼出一些粗暴的话，比如叫它"胆小鬼"、"可怜虫"，也许还会说："你根本不配做我们的光环！"

# 木星人

既然木星上根本不存在任何常理上认为可供登陆的陆地，那么木星人可能会像某种巨型热气球，这样他就能够永远在木星上空飘来荡去。在木星表面，想找到任何我们称之为食物的东西都不可能，所以，木星人一定学会了依靠辐射生存，用辐射发光发热，并用长长的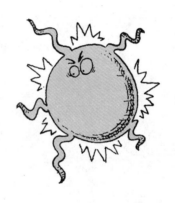卷须将辐射聚集成束。当然，因为他不吃东西，所以他不需要嘴巴。

你想对木星人说什么？

你喜欢说什么都行——反正他不能作出回答。听听这段话：

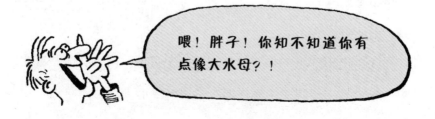

99

但是老实说，你最好不要这么粗暴无礼。谁知道它会不会采取行动，用伽马射线要你的命呢？如果你长途跋涉，就是为了粗鲁地对待它们，它们很可能会好好"招待"你的。

我们继续我们的漫漫旅程，为了到达下一个行星，我们越走越远。这次我们至少要走6亿千米远的路程，才能到达最引人注目的行星——

# 土星

## 行星检测报告

1. *行星表面*：类似于木星。

2. *表面重力*：比地球略微大一些。

3. *大气*：主要是氢气、氦气并含有甲烷和其他气体。

4. *表面压力*：大大低于木星，但仍然是相当大的。

5. *表面温度*：−176℃。

6. *辐射强度*：犯不上冒这种危险。

7. *风力*：那是致命的！时速超过1500多千米，比木星还可怕。

土星有点像木星的同胞姐妹，但是它距太阳有木星的2倍远。在土星上着陆肯定不是一种好的方式，但是我们可以选择另外一种合适的方式。

土星比地球重95倍，星体表面呈土黄色，同时有一些或明或暗的地带环绕其间。土星没有木星所具备的那些显著特征，但它具有：

# 光 环

如果你用普通天文望远镜观察星空，大多数恒星和行星看上去样子差不多。有的偏蓝一些，有的偏红一些，但是大体上它们都是一些小亮点。土星是唯一与众不同的行星，它有着令人炫目的光环带。别的行星也有光环，但都没有土星的光环那么耀眼。

我们按发现的顺序列出了土星主要的光环。（其中A和B是最耀眼的，因此它们首先被发现。）大光环是由许许多多小光环组合而成的，这些小光环的总数可达100 000道之多。每一道光环都是由岩石和碎冰块组成的长长的一圈，大至巨石，小至尘埃。

## 土星光环和内部卫星（俯视图）

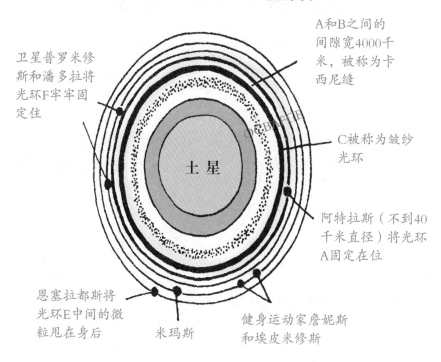

A和B之间的间隙宽4000千米，被称为卡西尼缝

卫星普罗米修斯和潘多拉将光环F牢牢固定住

C被称为皱纱光环

土 星

阿特拉斯（不到40千米直径）将光环A固定在位

恩塞拉都斯将光环E中间的微粒甩在身后

米玛斯

健身运动家詹妮斯和埃皮米修斯

101

▶ 这些圆环的直径超过272 000千米，而有些地方却只有几米厚！如果你能把圆环缩小到一个足球场那么大小，那么它们比一张纸还要薄。

▶ 土星有一些卫星随着光环飞行以使光环保持原位，这些卫星被称做"牧羊人"。

▶ 大约每15年光环就会消失一次，这是因为当我们观察土星在天空绕行时，这些圆环的边缘正对着我们，我们在地球上就无法看到。

通常所见的光环

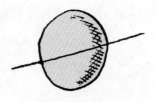
光环偏向一侧的情景

## 土星上的年与日

由于土星距离太阳非常遥远，土星的一年相当于地球上的29.5年，然而它却和木星转得一样快，所以土星的一天只有10小时39分。

## 土星的卫星

土星不但有光环，在太阳系中，它还是卫星比较多的行星。以下就是几颗主要卫星一览表：

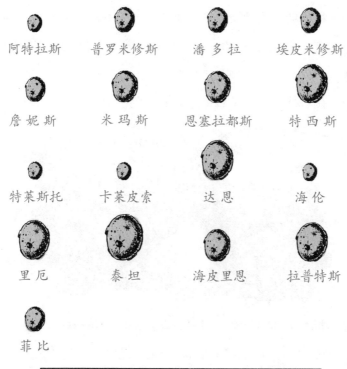

阿特拉斯　　普罗米修斯　　潘多拉　　埃皮米修斯

詹妮斯　　　米玛斯　　　恩塞拉都斯　　特西斯

特莱斯托　　卡莱皮索　　　达恩　　　海伦

里厄　　　　泰坦　　　海皮里恩　　拉普特斯

菲比

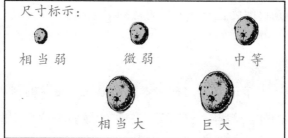

尺寸标示：

相当弱　　　微弱　　　中等

相当大　　　巨大

## 卫星的特征

▶ 米玛斯有几个巨大的环形山，看上去就像一只被咬了一口的苹果。

▶ 詹妮斯和埃皮米修斯特别喜欢太空运动。它们的轨道离得非常近，每4年其中的一个就能赶上另一个，然后它们旋转一下互相交换位置，非常有意思。

▶ 特西斯、特莱斯托和卡莱皮索在完全相同的轨道上互相追逐运行，它们始终保持着一定的间距。海伦和达恩也是互相追赶的一对。

▶ 拉普特斯一面是白色一面是黑色。

▶ 相对于其他所有的卫星，菲比是向后运行的。它过去可能也是一颗小行星，后来被土星的引力捕捉过来。

然而到目前为止，最大最有趣的卫星还要数——

## 泰坦

泰坦比水星还要大，在"太阳系最大卫星"的评比中，它仅次于木星的加尼美得，位居第二。它的最显著特征，也是科学家们一直感到兴奋不已的是：泰坦上面有大气！由于那是氮和甲烷的混合气体，我们不能呼吸，但是它却产生了是地球上大气压1.5倍的大气压强，这使得我们陷入奇妙的想象——泰坦上会有生命存在吗？

泰坦看起来十分坚固，那么就让我们上去游览一下吧！

开始的时候，天空被橙色的云彩所遮盖，所以很遗憾，我们无法看到土星或者它的光环。此外，如果天上下雨的话，千万别喝雨水！因为这雨根本不是水而是液态甲烷（沼气）。在地球上我们用甲烷（沼气）气体当做燃料来做饭。但是，由于泰坦的温度比土星还要低几度，甲烷就成了液态或固态块状。

说到寻找生命，你可以试试看，但是遗憾的是，这里太冷了，我们所认识和了解的任何生命形式在这里都无法生存。尽管如此，我们也不介意，无论如何，我们都要创造自己的泰坦生物。

## 土星生物和泰坦生物

土星和木星一样是气体行星，所以土星生物也必须长期悬浮在空中。由于风暴非常强烈，因此土星生物必须要有强有力的翅膀用以躲避危险，同时以便和几个伙伴轮流休息。土星没有足够的辐射能量提供给生物作食物，所以土星生物就需要设法呼吸氢气。由于氢气对于生命来说没有什么用处，所以土星生物就要多多呼吸，这样它就得有一个有好多鼻孔的大鼻子。即便它时刻不停地拍打翅膀，温度仍然太低，因此它还需要一件毛皮大衣来保暖。

由于泰坦上大量的冰和极端的低温，泰坦生物必须像宇宙大企鹅那样才能保暖。

你在看什么？

问题在于，即使是地球上的企鹅也有偶尔发怒的时候，所以一只寒冷的泰坦企鹅很可能脾气不好。如果你遇到一只，一定要向它表达你的敬意！

要是你所能看到的只有雪，你的脾气也好不了。

105

从水星出发以后，我们现在已经旅行了15亿千米来到土星。（别忘了，我们一直非常幸运，因为这些行星恰巧全在一条直线上！）如果你期望下一段行程只是短暂的一跳，还是放弃这个念头吧！因为我们还要走一个15亿千米，才能到达太阳的第七颗行星，第三个巨星，那就是——

# 天王星

## 行星检测报告

1. *行星表面*：冰、浓厚气体、液态甲烷，太乱了！
2. *表面重力*：比地球稍微大一些。
3. *大气*：由氢和氦构成。
4. *表面压力*：也许很高。
5. *表面温度*：当心！有−216℃。
6. *辐射强度*：不是大问题。
7. *风力*：或许有风。

我们现在正进入了未知世界。到目前为止，我们所拜访过的行星都是千百年来被人类所认知的。如果你到意大利，就能看到古罗马人为大部分行星所建造的寺院。天王星直到1781年才被发现，所以到现在它仍是一个新奇的事物。

当我们接近天王星时，你就会发现它迷人的蓝绿色，但是不要考虑登陆问题。对这未知世界中我们所了解的一点就是，宇宙飞船将可能被冻结成一个巨大的甲烷冰球。

## 不要迷路

天王星确实存在磁场，但磁场并不像地球那么强，可还是要当心，因为想通过指南针来指路存在3个问题：

1. 北极和南极并不是位于行星正中的两端。

2. 指南针显示的北极在赤道附近。

3. 科学家认为两极正在缓慢地互换位置！

## 天王星奇怪的年和天

天王星绕太阳公转一周需要84个地球年，而自转一周的时间是17小时14分钟，这也就是说，天王星上的"一年"有42 000多"天"。

告诉你吧，那神秘就在于天王星独特的自转规律！

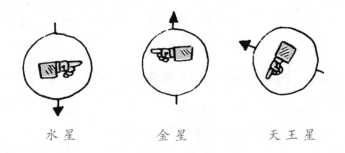

你还记得我们发现金星是倒着自转的吗？不错，天王星是斜着自转的。如果你制作一个天王星的模型，你就知道它不是从左到右转，而是从上到下转。

假设你住在天王星上一个离北极几千千米远的地方，透过厚厚的云层你会看到：

▶ 在长达21年的夏天里，太阳在天空一圈又一圈地转动，总也不落山。

▶ 秋天，太阳停留在天空17小时14分钟，然后落下，再过这么长时间，它再次升起。

▶ 在将近21年的冬天里，天空一片漆黑。

▶ 春天和秋天一样，太阳又以17小时14分钟的间隔升起再落下，但是，升起的方向正好相反！

提醒你注意，在那里太阳看上去确实非常小。比太阳更大更有意思的东西是——

## 天王星的卫星

长期以来，人们只对天王星的5个较大的卫星有所了解。直到1986年，"旅行者2号"太空探测器又发现了十多颗离天王星更近的卫星。我们给它们逐一取了名字，这些好听的名字都出自莎士比亚戏剧。从离天王星最近的卫星开始，它们分别是（最好记住这些名字，如果你家大猫生了很多小猫，它们说不定会派上用场）：考迪利亚、奥菲利亚、比安卡、科瑞西达、戴得摩娜、朱丽叶、鲍提亚、罗瑟琳德、柏林达和布克，还有5个大卫星：米兰达、埃瑞尔、阿姆布瑞尔、泰坦尼亚和欧伯伦。（如果你对这种有趣的名字感兴趣，我还可以告诉你一些，布克卫星上有3个大环形山，叫做伯格、劳布和布兹！）

5颗大卫星的模样非常不一样，其中米兰达显得尤其特别，它的表面有许多火山口、冰川、山谷、平原和其他东西，难怪科学家们一看到它就"伤感"不已。

## 天王星的光环

是的，天王星周围的确有些模模糊糊的暗色光环，但是和土星的漂亮光环相比，它实在不值一看。离天王星最近的卫星考迪利亚和奥菲利亚起固定光环的作用，而其他卫星对光环则毫无兴趣。

## 天王星人

如果一开始看不到什么天王星人，其实你应该去沼气河里找。为了保存体内最微弱的热量，天王星人必须像巨鲸那么巨大，还必须生活在海里，以防止身体在巨大压力下炸裂。天王星人通过排气孔到海面呼吸氢气。就是泰坦企鹅也会被天王星人吓得四处逃窜。

从第一站水星到现在，我们已经飞行了至少28亿千米，我们已经熟悉了长途飞行。现在准备好，我们还得再飞16亿千米，然后到达——

# 海 王 星

海王星有一个特别的标志，你这样认为吗？

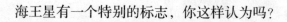

## 行星检测报告

1. *行星表面*：STU。

2. *表面重力*：STU。

3. *大气*：STU。

4. *表面压力*：STU。

5. *表面温度*：高于U。

6. *辐射强度*：注意！较高。

7. *风 力*：通常为1000千米/小时。

"喂，这是什么？"你一定会急切地问，"什么是STU？"

STU是一个秘密符号，可以描述海王星上的各种状况。其实我们刚刚飞行16亿千米，从那个完全符合STU标准的行星上飞来……对了，STU的意思就是：与天王星相似。不过这里还有几点不同：

▶ 海王星比天王星看起来更蓝。

▶ 海王星表面有一个与地球差不多大小的暗色斑点（有点像木星上的红色斑点），还有一个小一点的暗色斑点，因为它以极快的速度围绕行星旋转，所以我们把它叫做斯库特尔（滑板）。

▶ 海王星的中心持续发生着某些原子能反应，这就是为什么海王星距离太阳比天王星远得多，而气温还与天王星相似的原因。

▶ 海王星上刮着吓人的风！

在其他方面，海王星的情况和天王星差不多，包括：

▶ 海王星上的磁场像天王星上的一样在变动。

▶ 海王星也有杂乱的暗色光环。

▶ 海王星也有卫星。

▶ 在海王星上着陆是十分冒险的。

## 这不是过生日的好地方

海王星绕太阳公转一周需要近165个地球年，这可实在不是个令人愉快的出生地，因为人们生活在这里，活不到过1岁生日的时候就死掉了。海王星自转一周需要16小时，和天王星差不多长。

## 海王星的卫星

过去人们一直认为海王星只有2个卫星，特里坦和耐瑞德。直到后来"旅行者2号"又发现了6个飘浮的块状物体，它们的大小足以达到做卫星的标准。

那个时候，科学家给这几个卫星起了像模像样的名字，从离海王星最近的开始，它们分别叫做：

N6、N5、N4、N3、N2、N1、特里坦和耐瑞德。

这些名字听起来好可怜呀！这对N1卫星来说，尤其不公平，因为它比耐瑞德要大上好多。（这是因为耐瑞德离海王星有500万千米，而N1卫星离海王星只有12万千米，所以，最初我们从地球上就观测到了耐瑞德，而没发现N1。耐瑞德离行星远，所以容易被分辨出来。）

## 拍照的好机会

海王星漂亮极了，你会忍不住想给它拍几张快照。在太阳光的照耀下，它闪耀着迷人的蓝色光辉，行星表面上的神秘黑斑，被几缕白云轻柔地遮盖着。你甚至连背景上的光环都想拍进来，但是你可别把胶卷用完，因为下面我们将抵达——

# 特 里 坦

特里坦差不多和我们的月亮一样大，它是海王星最大的卫星。（假设特里坦有足球那么大，那海王星的其他卫星就只有葡萄那么大了。）特里坦被认为是太阳系中最神秘的地方，它从不同方面显现出超乎寻常的酷。

▶ 从远处看它灿烂夺目——在美丽迷人的蓝色表面上有一个个淡红色的冰冠。

▶ 它竟然有大气！虽然很稀薄，但这对一个卫星来说已经是非常罕见了。（土星的泰坦是另外一个有大气的卫星。）

▶ 这里的气温实在是太低了，只有－236℃，这可能是太阳系中最冷的地方。

现在介绍特里坦另外两个与众不同的特点：

冰火山特里坦上有活火山，这一点也非同寻常。（除地球之外，只有两个地方有活火山。你能记得它们在哪儿吗？）既然特里坦这么寒冷，你肯定认为有火山是个好消息，这样你就可以在熔岩的溪流边烤火了。千万不要这样想，因为这些火山喷出的液体氮撞碎之后又聚成一团团的刺骨冷气！实在是太可怕了。

逆行的卫星特里坦的轨道被称为"反向轨道"，也就是说它以相反的方向绕着海王星旋转，对于一个如此巨大的卫星来说，这简直是不可思议。

### 海王星和特里坦的生命

不要考虑什么骨骼、皮肤、血液、眼球、毛发等。在那种温度下，生命只能是从电磁能量中演变出来的。所以海王星的生命只是一系列电磁信号，很可能还伴随有一些伽马射线，加上一束光子。

与海王星相比，特里坦的温度还要低20℃，所以特里坦上的"噼噼生物"得穿上厚厚的棉大衣。

海王星和特里坦都是如此出色，它们早晚会出售自己的明信片和相机胶卷的。

……海王星系列产品（电池除外）！

下一段旅途有点神秘，因为我们不知道要走多远。也许是15亿千米，但是可以肯定是在几百万千米到100亿千米之间。但愿一切如我们所愿，到达——

# 冥王星

## 行星检测报告

1. *行星表面*：岩石。

2. *表面重力*：非常微弱。你可以坚持住。

3. *大气*：少量的甲烷。

4. *表面压力*：可以忽略不计。

5. *表面温度*：非常非常低，千真万确。

6. *辐射强度*：可以不计。

7. *风力*：微风。

你远道而来，必须知道一点，冥王星不是迪斯尼乐园。它比我们的月亮小，呈现出暗黄色。当你着陆时，会听到一种怪异的"哗啦哗啦"水的声音。

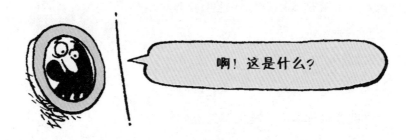

啊！这是什么？

不要惊慌，那是冥王星的主人正赶过来欢迎你呢。

由于冥王星的重力实在太小，所以冥王星人无时无刻不紧贴着地面，就像一只拖着树叶般尾巴的软体动物，爬过的地方留下黏糊糊的印迹，而且为了便于黏附别的地方，它身上布满了类似吸盘的东西。由于缺少压力，它的身体波浪似的前进，就像半个鼓起的塑料口袋一样，不过，你印象最深的应该是它用那双超乎寻常的大眼睛看着你，眼神里包含着喜悦和痛苦。

"求求你留下来吧！"这个家伙讲话时鼻音浓重，它那巨大的鼻子为吸进少得可怜的大气作了不少贡献。由于太冷，它的鼻涕不停地流，让你不寒而栗。

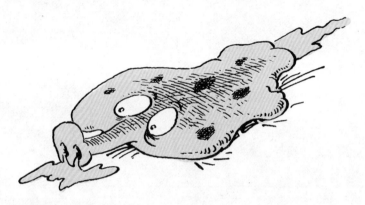

"好吧，"你说，"可是留在这儿干什么呢？"

"看那颗巨大的星星。"冥王星人说道。

你看着天空中那颗似乎比其他星星明亮的黄色星球，你突然意识到，那就是太阳。你快速用心算算出冥王星绕太阳运行一周需要247年。

"我们也有个'月亮'。"冥王星人说。

"那真是太有趣了！"你礼貌地说。

"我指给你看，"冥王星人说，"它叫做卡戎。"

你抬头来看，一瞬间被震惊了。卡戎并不比冥王星小很多——确切地说，它的直径是1200千米。假如它是土星的卫星的话，那它可是土星卫星中的老大了。不幸的是，在冥王星上度过了一天后（相当于地球上的一个星期），你感到非常厌烦。

"你们的月亮根本就不动，是吧？"你问。

　　"是的，不动，"冥王星人说，"它始终在与冥王星同步的轨道上。"

　　难怪它好像一动不动。冥王星和卡戎好像被固定在一根坚固的杆子上，就像举重运动员的哑铃。

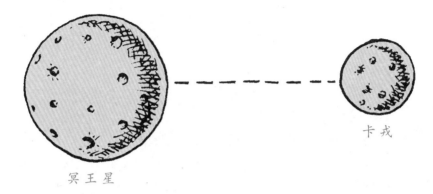

冥王星　　　　　　　　　　　　　　　卡戎

　　你正在纳闷冥王星人怎么会想到"与冥王星同步"这个词的时候，冥王星人提议道：

　　"如果你愿意，我们可以转到冥王星的另一面，那样我们就不会看到卡戎了。"

　　"对我来说那真是太有意思了。"你说，"快告诉我，为什么我刚刚去过的4个行星都是气体星球，而冥王星上有岩石呢？"

　　"我们以前并不是太阳系成员，"冥王星人解释道，"我们飞越太空时被太阳的引力吸到这里来了。"

　　"啊哈！"你恍然大悟。你明白了，怪不得计算不出从海王星到冥王星的旅程到底有多远。

　　当冥王星适应了太阳系以后，它以一个非常奇怪的角度沿着一个椭圆形轨道不停地绕着太阳旋转。也就是说，冥王星有时离太阳近，有时离太阳远。在1979年到1999年期间，冥王星离太阳比海王星离太阳还要近。

这里冥王星的轨道在海王星的轨道之内

冥王星轨道

海王星轨道

"还能看到什么？"你问道。

"噢，还有很多很多……"冥王星人失望地说。

"噢，天啊！"当你意识到冥王星确实已经没什么好看的了，你叹息道。下面你面临的就是旅行中最麻烦的事情，你必须想办法离开这荒无人烟、令人悲伤的冥王星。你正准备面对催人泪下的离别场面，但是就在这时……

"阿——阿嚏！"

你惊讶地看到冥王星人孤独无助地炸成碎片，散落在宇宙里。忽高忽低的温度和微弱的重力最终帮了大忙，冥王星人的喷嚏使你安全飞离冥王星。

阿嚏！

就这样，我们去过了冥王星——太阳系的最后一站。现在我们该回家了，但愿你离开家时没忘了关门。

请等一下！从一些天文数学家那里传出来消息，他们相信太阳系里存在着第10颗行星。尽管他们还没找到它，但是你打算去找找吗？

# X 星

## 行星检测报告

请在到达某星前填写此单！

1. 行星表面:

2. 表面重力:

3. 大气:

4. 表面压力:

5. 表面温度:

6. 辐射强度:

7. 风力:

## 为什么天文数学家相信有X星存在

包括土星在内的六大行星早已为人们熟知。但是，1781年某日，忽然……

嘿！我又发现了一颗行星！

威廉爵士，你最好用乔治三世或你自己的名字"荷塞尔"为这颗新星命名为"乔治星"或者"荷塞尔星"。

嗯……

但在德国

新行星被命名为天王星。

天王星？！

我已经预测出新星的精确轨道了！

对不起，那轨道不对。

什么？我是正确的，因为我是天才。

你自己瞧瞧吧！

嗯？

没成功

咦咦！

1846年

我们已经预测出另一个更远的行星，它影响天王星的轨道。

你们是正确的，我找到它了。

它叫海王星。

我们叫它"梅勃特姆"如

不！

海王星和天王星的轨道仍不正确。

那一定还有一颗行星在影响它们。

1930年

我找到它了。

它叫"海兹勃"？

不，它叫冥王星！

还不对劲儿，冥王星太小了，靠它自己不能影响海王星和天王星。

那你如何解释？

答案一定是……
还有另一颗星存在：

╳ 星

那么，祝你们好运！

# 欢迎进入外太空

到现在为止，这本书中讲的都是一些美妙的事情和一些平常的事情。我们观察了天空，作了很多次旅行，拜访了几颗行星，到过各种温度的地方：酷热的、凉爽的、寒冷的。但是还没有发生特别离奇古怪的事情。

很难想象，我们至少要飞行60亿千米才能到达冥王星，但是相对于整个儿宇宙来说，那只不过是我们刚刚到了自己的后花园。

距离太阳最近的恒星（半人马星座的比邻星）离太阳有40万亿千米远，是到冥王星的6500次那么远！这么长的数字写出来很麻烦，所以天文学家发明了一种更简单的方法来表示极为遥远的距离，这就是——

## 光 年

你知道光每秒可以走30万千米吗？

你打开灯的时候，你可能认为自己马上看见了光，但是你错了。光必须从灯泡传入你的眼睛，但是因为它速度太快，看起来好像你马上就看到了灯光。

如果距离短，你不会意识到光是一点点传播的，距离长了，就产生了不一样的结果。下面是光从不同距离传到地球所花费的不同时间：

| | |
|---|---|
| 月球 | 1.25秒 |
| 太阳 | 8分20秒 |
| 海王星 | 4个多小时 |
| 最近的恒星 | 4.3年 |

▶ 这也就是说，如果太阳突然爆炸了，在8分20秒内我们看不见，这样我们就有足够的时间找到墨镜戴上。

天文学家用光年来表示恒星之间的距离。如果10年后光才能从一个恒星到达地球，那么我们就说这个星球距离我们有10光年。

▶ 一光年等于9.5万亿千米。

因为恒星离我们太远了，看来去那儿旅行是不可能的。还记得宇宙探测器"旅行者2号"总共花了12年的时间才到达海王星吗？如果它继续保持同样的速度航行，那么它到达最近的恒星要用9万多年的时间。

但是，根据某些特殊的物理定律，我们到达其他恒星完全是有可能的。在拜访其他恒星之前，我们还是更多地了解一下恒星吧！

# 恒星的一生，是矮子还是巨人

　　所有的恒星都是由宇宙中最简单的物质——氢气组成的。大量的氢气云团聚集在一起，中间掺杂着已经消失的星星留下的尘埃，云团直径达数十亿千米，这种云团被称为星云，这里就像是一个养育小星星的托儿所。

　　所有恒星形成的方式是一样的，引力的作用逐渐导致星云微粒不断移动彼此接近。随着这种运动的持续进行，一大团物质就产生了，而且越来越厚，同时这个云团的引力也越来越强。当其内部的微粒越来越拥挤时，这一大团物质就越来越热，并逐步形成一个恒星的雏形。它以后将会怎样，就看这个恒星的雏形个头儿有多大了。

灰尘和气体　　　　　大团物质　　　　　更大更热的团状物

非常热的云团

决定性时刻！

如果这个小宝宝个头儿不够大，它就会慢慢冷却下来，最终什么都不会发生。这就是人们所说的"褐矮星"。

如果有足够的气体卷进来，云团内部的温度会升高至10 000 000℃，同时引发核反应。氢开始在大量释放光和热的过程中变成氦，一颗恒星终于诞生了！

恒星的一生如何度过有着几种不同的方式，这取决于它出生时的大小。

## 小恒星

我们先来看看那些小恒星的一生——它们有的比我们的太阳小，有的比太阳稍大。

1. 这些恒星有足够的氢可以燃烧100亿年。

▶ 我们太阳的燃料已经用去了一半。

▶ 一个恒星能释放出多少光和热，主要取决于它从氢到氦的转化过程中会消耗多少重量。我们的太阳平均每秒损失400万吨体重！

2. 当氢快要燃烧完时，不同的物质产生了，恒星的中心将缩小变热，同时外部扩大冷却。从遥远的地方看去，这颗星又大又红，因此它被称为"红巨星"。如果太阳最后膨胀到这个地步，我们的地球连同它表面的万物都将化为乌有。

3. 红巨星的生命不会很长，它会爆炸，成为一颗"新星"。如果没有爆炸，它就会逐步变回被气体包围的热气团，也就是一个"行星状星云"（行星状星云是一个很模糊的概念，因为它和行星根本就不搭界）。

4. 不久就只有一个"中心的核"留下了，这就是"白矮星"。白矮星非常小，但是非常重，一满茶缸的白矮星竟然重达10吨！它们就像那些长时间进行日光浴的人一样——虽然很热却一点也不亮。

5. 最终，白矮星将冷却下来，变成一个"黑矮星"，但是我们不知道这个宇宙是否曾存在过从红巨星到黑矮星这么久的时间。黑矮星太小、太暗、太遥远、太微弱，以至于我们根本就看不到它。

## 大恒星

比太阳大1.4倍的大恒星形成的方式是不一样的。

1. 它燃烧氢气的速度比较快，大恒星会在几百万年之内烧完氢气，最终成为"红巨星"。

2. 当燃料燃烧完之后一切突然停止下来，这颗恒星就消失

了，只剩下一个茶缸大小的物质，它至少重达100亿吨。这时候，它的温度高达1000亿℃，而且，接下来它会爆炸变成无数碎片。这样形成的新星叫"超新星"。它在几秒钟内释放出的能量比太阳几百万年释放的能量还要多。超新星的形成过程从地球上看非常壮观，只可惜100年内只发生几次。

3. 超新星消亡之后只剩下直径为20千米左右的"中子星"。

▶ 中子星可不是一个逗留的好地方，如果你正在减肥的话，你会非常失望，因为那里重力太大，你可能会重达50 000亿公斤。

4. 中子星自转，并且释放出无线电波，所以中子星有时被叫做"脉冲星"。

5. 最后，脉冲星的速度将会慢下来，然后停止并且消失。

## 巨大的恒星

如果一颗恒星比太阳大3倍还多（一些恒星甚至大到几百倍），那么事情的发展就会更加不同寻常。

1. 恒星燃尽所有燃料之后，一颗"超新星"诞生了。

2. 恒星不断地缩小，缩小……

3. ……最后，恒星发生萎缩内陷，导致内部原子裂变，时间停止，于是宇宙中最特殊的物质产生了。它虽然只有几千米的直径，但其重量却超过了一颗中子星，它就是——"黑洞"！

## 恒星的颜色

尽管大多数恒星看上去是白色的，但实际上它们从铁青色到深红色各不相同。恒星的颜色主要取决于它们的热量。我们已经看到猎户星座中不仅有橘红色的恒星，还有蓝色的恒星，最弱的星星燃烧后的残余通常被称为红矮星。

## 黑洞是什么

的确，你既听过关于它的故事也听说过关于它的谣传，人们对它有很多猜测，但是从来没人亲眼见过它！

最初，人们将黑洞想象成世界上最贪婪的家伙，它总是那么饥饿，吞噬掉每个靠近它的东西……甚至不断地吞噬着自己直至消亡！黑洞就是这个样子，因为它的引力太强，任何接近它的东西都会被吸进去，甚至光线也不例外。正因为它把光吸掉了，所以你看不见它。

那我们是怎么知道黑洞的存在呢？

当真正智慧的科学家——比如阿尔伯特·爱因斯坦和斯蒂芬·威廉·霍金——计算出宇宙的构成时，就有许多细节问题有待澄清。他们认为，只有承认黑洞的存在才能完善他们的理论。尽管没有人看见黑洞，但黑洞强大的引力影响着它周围的星体和其他物体。当我们发现远处的星体产生奇怪的偏离时，通常都可以用"受到附近的黑洞拉引"这一理论来解释。

## 如何发现黑洞的奇妙之处

假设你遇到黑洞，那就可以做这样一个有趣的实验。你需要：

▶ 一只你在很远处也能看清楚的大钟表。

▶ 一个叫西德的人，他不介意掉进平行的宇宙空间。

你自己一定要远离黑洞，有几百亿千米就足够了。

1. 让西德拿着那只大钟。

**滴滴滴**

2. 让他走向黑洞的边界。

3. 观察那只大钟。当西德朝黑洞越走越近时，你会发现钟表越走越慢。当西德到达黑洞边缘时，表就停止了。这是因为对于观察者来说（比如是你），黑洞使时间变慢了。真正奇怪的是，西德相信那块表依然很准时！

4. 最后，对西德说永别吧。

现在西德将要被吸引到黑洞中去了。经过这个宇宙中的奇异世界时，他体内的每一个细胞都将被拉至无限长、无限细，这以后发生的事正如人们所猜测的那样，但是有些人认为，他可能会进入了另外一个世界。请注意，他看起来可能不太妙！

你可能想知道，这个奇异世界到底是什么样子。噢，这需要一些想象力。它只是所有物体聚合起来的一个小点。所有的东西都必须压缩得无限小才能塞进这个小点中。试着想一想，我们准备把一头大象挤进一个火柴盒，这样你就有了基本的概念了。

你记得先把火柴拿出来了吗？

理解这个奇异世界的方法之一是运用算术。把你最喜欢的数字除以0，能得到什么？（这样的结果是，你会被搞得头昏脑涨。）

## 大小比较

这里有一些巨星和矮星的直径数据。

我们的太阳　　　　1 400 000千米

| 红巨星 | 300 000 000千米 |
|---|---|
| 红超级巨星 | 500 000 000千米 |
| 白矮星 | 30 000千米 |
| 脉冲星 | 20千米 |
| 黑洞边界 | 10千米 |
| 黑洞中心 | 不到针尖那么大 |

▶ 记住：虽然脉冲星很小，但是它比白矮星还要重，黑洞是所有星体当中最重的。

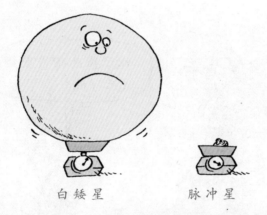

白矮星　　　　　　　脉冲星

那么，黑洞怎样使时间停止并且折射光线呢？答案根据以下理论——

## 相对论

注意

　　本书以下几页的内容是完全正确的，但是如果你觉得它们太不可思议，不相信或不能理解它们，也请不要介意。

17世纪后期，卓越的数学家艾萨克·牛顿依据他的重力作用理论，回答了许多行星和恒星如何运转的问题。他的理论是如此完美，几乎所有的现象都符合这一理论，只是水星的轨道与此有点矛盾。没有人能解释清楚这是为什么。20世纪前后，德国的一位办公室职员开始研究水星的轨道问题。这位职员就是伟大的思想家阿尔伯特·爱因斯坦。

爱因斯坦将牛顿的思想分解、归类、加工、修改、删除之后，提出了相对论。世界上大约只有20到30个人能够理解他是如何得出这一理论的，但幸运的是，我们普通人只需理解他的结论。

这些结论包括下面的精华：

▶ 弯曲的空间。

▶ 扭曲的时间。

▶ $E = mc^2$。这是一个方程式，用来计算物体消失时所释放出的能量。它运用于核反应现象中，比如太阳的燃烧。E表示能量，m指的是消失物体的质量，c代表光速。很简单吧！

▶ 光的重量！的确，光确实有一点点重量。光每秒钟撞击地球的重量大约是3千克。如果远距离恒星发出的光经过有很大引力的物质，比如说黑洞，光就会发生折射！

相对论的精髓之一是：光速是最快的——每秒钟30万千米。

阿尔伯特·爱因斯坦提出，当你的运行速度越来越接近光速时，会出现各种令人费解的现象：

▶ 对你来说，时间变慢了。

▶ 你变重了。

▶ 所有看到你的人都会觉得你瘦了。

▶ 你的帽子会被吹走。

这里最不可思议的现象应该是时间变慢了，但是这已经被精确地测量过。第一位航天员飞往月球时，把一块非常精确的表放在了航天器上，另外一块留在地球上。因为航天器以每小时几百万米的速度飞行，所以当它返回地球时，人们发现航天器上的那块表比地球上的表慢了几秒钟。

▶ 当航天器飞行时，航天器里的时间变慢了。

▶ 这就意味着航天员比他们待在地球上时要年轻了几秒钟。

▶ 在强重力场下，时间也可以变慢。太阳要比地球大得多，因此重力也大得多。如果你有两块精确的表，一块放在太阳上，一块放在地球上，那么，太阳上的表会走得慢一些——大约每6天慢1秒。

对于你来说，走得越快，时间就会越慢。如果你以光速运动，时间就会完全停止。

▶ 有一个充分的证据证明时间不可能会倒流——将来的人永远不可能看到我们!

嘿!等一下……

如果以超快的速度运行来使时间变慢的话,也许我们能够拜访数10亿千米以外的星球,而且在旅途中不会变老。

我们需要做的,只是保证火箭够快就足够了,就像一开始本书提到的那样,出发吧!

# 穿越时间的地平线

问题的关键在于，我们需要一艘能够以接近光速穿梭时间隧道的火箭。这是可能的吗？这也许需要——

## 反物质驱动

目前，火箭是靠燃料燃烧产生的热量驱动发射的。但是最近，科学家们已经研制出几种"反物质"原子。

反物质与构成所有事物的普通物质恰好相反。如果把"反物质"与"物质"混合在一起，它们就会互相抵消直至消失。然而，它们消失的时候会释放出巨大的能量（如果你离它太近，就会窒息而死）。这就是说，只要一点点的反物质就可以使一个航天器运行几千年。既然这样，为什么我们还不将反物质实际应用呢？这是因为——

▶ 得到反物质极其困难。

▶ 得到之后，我们把它存放在哪儿？

不过没有关系，我们要坚定信念，科学家们喜欢解决这种难题，所以，我们也许终究会拥有超级航天器。

# 我们的首次光速旅行

我们先去天狼星拜访一下，天狼星是星空中最亮的一颗恒星，距地球8.5光年。现在，带上我们的三明治，登上火箭，和大家挥手告别，然后点火起飞！感谢反物质的驱动，我们很快就以接近光速的速度飞行，所以我们只用8年半就到达了天狼星。

▶ 到达天狼星以后，我们会看见一颗很小的白矮星围绕它旋转。这个小星体被人们昵称为小犬星。返回地面后，我们再接着读这本书的下面几页，你就会知道它们两个是怎么回事了。

照几张快照放在影集里，然后踏上归途。8年半以后我们又回到了家里。这次旅行历时17年……真是这样吗？

▶ 因为我们以接近光速的速度飞行，所以，航天器上的时间就慢了下来！除去起飞和降落时达不到这个速度，在航天器上，我们或许认为只过去了几秒钟，在整个161万亿千米的旅途中，我们甚至还来不及吃三明治。

▶ 但是在地球上，时间并没有慢下来。所以，你的朋友们都认为你已经离开了17年。要是你真的剩下了三明治，他们肯定会为这些食物竟然没有发霉而大吃一惊。

▶ 如果起程时你有一个双胞胎妹妹，等你回来时她将比你大17岁。

▶ 如果起程时你16岁，并且刚刚有一个小宝宝，等你回来时，你的儿子比你还大！

好，既然你已经知道了光速旅行的奥秘，那就让我们来真正探索一下太空吧！

▶ 在出发之前，最好把所有的奶酪和牛奶都从你的冰箱里清理出来。虽然这次旅行对你本人来说仅仅是几个小时的工夫，但是等你回来的时候，地球上已经过去了几千年。想象一下到时候你的冰箱里会成什么样子。天哪！

# 终极旅行，我们会发现什么

当我们出发去探索外太空时，可以最后再看一看太空中另外那些奇观。

## 双 星

天狼星和它的伙伴矮星小犬星就是双星。小犬星相比之下要黯淡得多，但和其他的矮星一样，它非常重。这两颗恒星由于彼此引力的作用而环绕对方沿一定的轨道运行，同时本身每50年自转一周。

像这种双星在宇宙里相当普遍，各种组合更是非常复杂。双子座有两颗主星，北河二和北河三。从地球上看，北河三是橙色的，北河二则是白色的。事实上，北河二并不完全像人们所看见的那样。

北河二其实是由6颗很近的恒星组成，它们是两对普通的双星和一对黯淡的矮星，都以匀速慢慢地自转着。

## 恶 魔 星

英仙座有一颗奇特的主星大陵五，或者叫做"恶魔星"。大陵五灿烂地燃烧59个小时之后就会逐渐黯淡下去，黯淡持续5个小时，直到其亮度仅为正常时的1/4。接着，它又花费5个小时的时间逐渐恢复正常。

大陵五也是双星。其每颗星体直径为250万千米，相距1千万千米。自转时，从地球上看，它们不断互相遮挡，所以整个双星体系也就显得黯淡了。

## 正在消失的星座

星座是由聚集在一起的恒星群组成的，它们看起来相互之间距离很近。这里可能有一点误导，实际上，星座中一些恒星与其他恒星之间的距离，比它们与地球之间的距离还要远。

让我们看看大熊座：

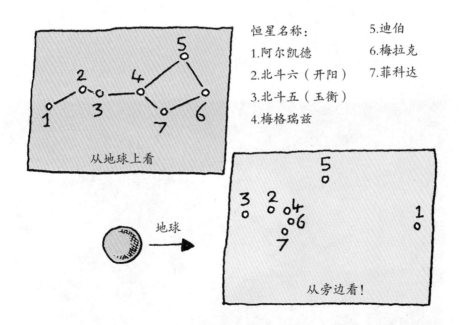

恒星名称：

1.阿尔凯德
2.北斗六（开阳）
3.北斗五（玉衡）
4.梅格瑞兹
5.迪伯
6.梅拉克
7.菲科达

从地球上看

地球

从旁边看！

当你在一个星座的恒星之间飞行时，这些图案都会消失！虽然阿尔凯德和开阳看上去相距不远，但事实上阿尔凯德距地球有

210光年，而开阳距地球有88光年。

## 星系的其余部分

▶　我们的星系直径为10万光年，包括上万亿颗恒星，太阳就是其中的一颗。

▶　我们的星系是一个扁平的螺旋形，它在不停地旋转着。

▶　太阳距离星系的中心大约有3万光年，旋转一圈需要2.25亿光年。

▶　你从地球上可以看见的所有恒星都是我们星系中离我们最近的邻居。

▶　在地球上，我们只有一个办法可以看见星系的其余部分，那就是遥望银河。但是我们只能看到一个侧面。这有点像躺在球场上观看一场足球赛一样。

如果超级航天器搭载我们飞行在星系上空，我们就能向下看清它的螺旋形状。

星系中心是一大团暗红色，向外伸出的两臂中，新星和旧星交错在一起。我们（我们地球）大约处在其中一臂的中间位置。

我们的星系处在一个局部小群落中，包括大约20～30个星系，它们相互之间相距数百万光年。我们的星系和仙女座星系是其中最大的两个。

▶ 仙女座也是一个螺旋形的星系，除此之外也有其他形状的星系，诸如椭圆形的和不规则形的。（提醒你一下，螺旋形星系无疑是看起来最理想的居住地。）

## 星团和超星团

星系群落集结在一起就形成了"星团"，它由数千个星系构成。我们所住的群落处在处女座星团的外围，该星团的中心大约有6000万光年远。

（之所以称之为处女星团，是因为它的主要部分与处女星座在同一方向。）

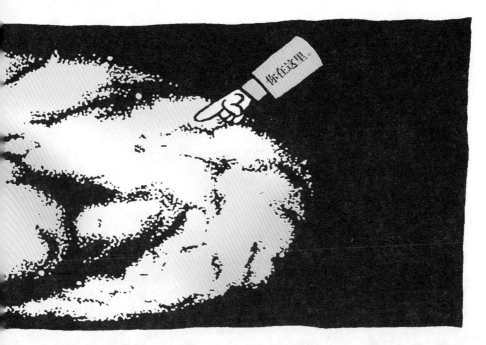

▶ 假如现在一个外星人拿着极其精密的望远镜从处女星团的一端遥望地球，他会看到巨大的恐龙！地球上的光线到达处女座需要超过6500万年的时间，因此，他看到的是6500万年以前地球上发生的事情。

星团彼此串联成的长带叫超级星团，这些超级星团的组合有点像破旧蜘蛛网上留下来的蛛丝。其中一个组合称为"长城"，它在太空中延伸了5亿多光年。

▶ 现在你可能对光年这些庞大数字有些麻木了，让我们换一种方式表达，这座长城的长度是：

5 000 000 000 000 000 000 000千米。

我们从这里学到了什么？最主要的一点是，当我们在太空中迷了路，应该知道我们的家在什么地方。

出生地；

地球；

太阳系；

银河系；

近邻；

处女星团附近；

"长城"附近；

宇宙。

## 接近边缘……

我们仍然以接近光速的速度行进，现在位于距离地球15亿光年的地方，我们来拜访一些新星体：

## 类星体

类星体非常明亮，而且我们在地球上也能接收到它们发射的强烈无线电波。它们为什么具有如此大的能量？你是怎么想的？

1. 它们是爆炸后新生的星系。

2. 它们是释放出大量能量的黑洞。

3. 大量物质聚集在一起形成反物质。

答案可能是第一个。但到目前为止，没有人知道确切的答案，因此你可保留自己的观点。

▶ 还记得走进黑洞的西德吗？他也许就在这里，你说呢？

对于类星体，有一点我们非常确定，就是它们正在以接近光速的速度远离我们，即使乘坐超级航天器也休想追上它们。

我们能看到的最远的类星体距离我们有120多亿光年，根据推算，它们肯定接近宇宙的边缘。科学家同时也推算出宇宙大约有150亿岁了。

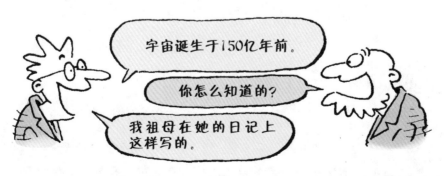

## 大 爆 炸

科学家们开始接受这一观点，即整个儿宇宙开始于极其微小物质的巨大爆炸。

150亿年前　　　大爆炸

100亿年前　　　类似银河的星系形成

50亿年前　　　太阳系形成

……从那时起宇宙开始不断扩大。

但是，一些科学家认为宇宙不可能无限地扩大。可以这样想象，宇宙中的所有微粒都被一条橡皮筋拉到宇宙中心。（这些微粒也包括我们的超级航天器，我们无法飞出宇宙的边缘，这一点很遗憾。）当橡皮筋抻到极限的时候，就停止伸展然后开始回缩。事实上——

几十亿年以后　　　宇宙停止伸展

100亿年以后　　　宇宙开始收缩

150亿年以后　　　宇宙陷入崩溃状态

200亿年以后　　　大飞溅

当然，那些巨大恒星以同样的方式分裂成极小的物体，宇宙因此变得如此之大，以至于消失得无影无踪。

不要害怕……我们还不能预测这样的事情是否会发生。

最后一个重要的问题：

## 地球以外存在生命吗

读一本关于行星、恒星、星系、宇宙以及宇宙里所有一切的书，你不可能不对这个问题感到好奇，那么，答案是什么呢？

目前，我们认为，数百万年以前，在火星上有某种微生物存在的可能性，但是现在火星上的情况又怎样呢？宇宙中有数十亿计的其他小行星，因此，地球肯定不会是唯一存在生命的行星。

科学家们花费了几个世纪列举方程式，推算其他生命存在的可能性，但对这个问题的回答远远不是如此简单。

为什么？

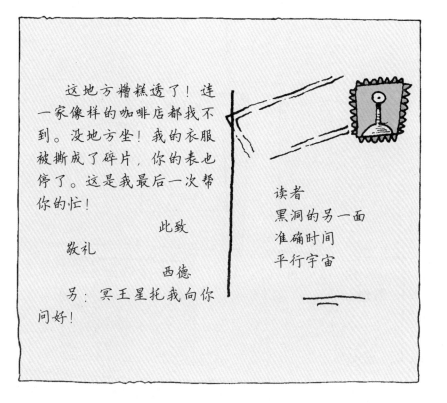

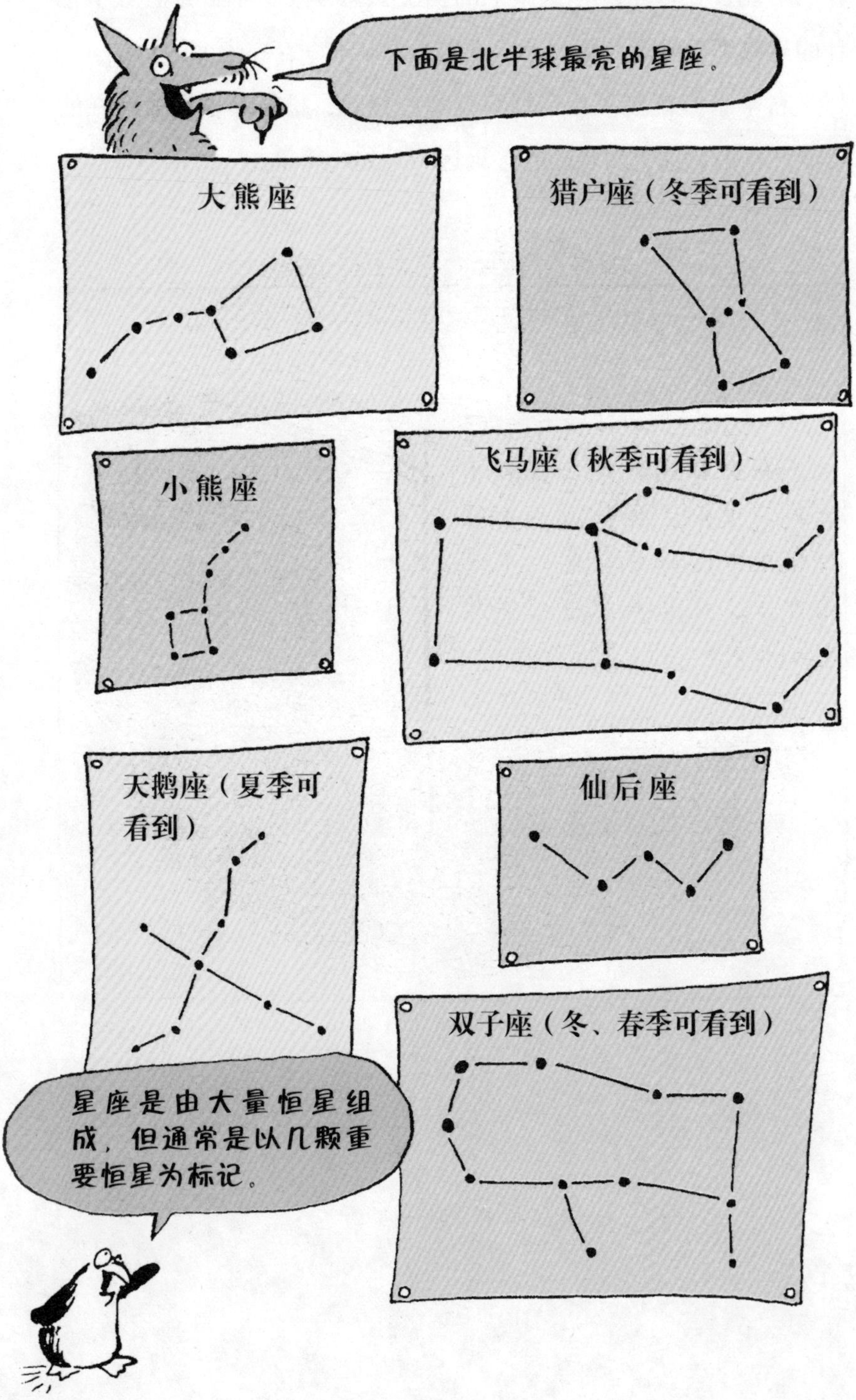

下面是北半球最亮的星座。

大熊座

猎户座（冬季可看到）

小熊座

飞马座（秋季可看到）

天鹅座（夏季可看到）

仙后座

双子座（冬、春季可看到）

星座是由大量恒星组成，但通常是以几颗重要恒星为标记。

148

你能在这张图上找到南半球的星座吗？

注意猎户座附近的大星星......

这是天狼星，天空中最亮的星。